无人机详解与剖析

【德】丹尼尔·弗伦泽尔 (Daniel Frenzel)
【美】亚历克斯·凯斯 (Alex Keyes)
【保】蒂霍米尔·奈德夫 (Tihomir Nedev)　　著
【西】佩佩·瓦尔维德 (Pepe Valverde)
【美】乔纳斯·沃特林 (Jonas Vautherin)

韩萌　译

人民邮电出版社

北　京

图书在版编目（CIP）数据

无人机详解与剖析 ／（德）丹尼尔·弗伦泽尔
(Daniel Frenzel) 等著；韩萌译. -- 北京：人民邮电
出版社，2019.4
ISBN 978-7-115-50531-6

Ⅰ．①无… Ⅱ．①丹… ②韩… Ⅲ．①无人驾驶飞机
—普及读物 Ⅳ．①V279-49

中国版本图书馆CIP数据核字（2019）第000158号

版权声明

- ◆ 著　　　[德]丹尼尔·弗伦泽尔（Daniel Frenzel）

　　　　　　[美]亚历克斯·凯斯（Alex Keyes）

　　　　　　[保]蒂霍米尔·奈德夫（Tihomir Nedev）

　　　　　　[西]佩佩·瓦尔维德（Pepe Valverde）

　　　　　　[美]乔纳斯·沃特林（Jonas Vautherin）

　　译　　　韩　萌

　　责任编辑　陈聪聪

　　责任印制　焦志炜

- ◆ 人民邮电出版社出版发行　　北京市丰台区成寿寺路 11 号
邮编　100164　　电子邮件　315@ptpress.com.cn
网址　http://www.ptpress.com.cn

北京虎彩文化传播有限公司印刷

- ◆ 开本：880×1230　1/32

印张：5.125　　　　　　　　2019 年 4 月第 1 版

字数：100 千字　　　　　　　2025 年 2 月北京第 23 次印刷

著作权合同登记号　图字：01-2016-4790 号

定价：49.00 元

读者服务热线：**(010)81055410**　印装质量热线：**(010)81055316**
反盗版热线：**(010)81055315**

内容提要

　　本书是无人机的科普类图书，采用浅显易懂、图文并茂的方式介绍了无人机的整个系统。

　　本书分为 8 章，其内容涵盖了无人机的概念，无人机的硬件组成，多旋翼无人机和固定翼机的硬件组成以及优缺点，如何安全地操作无人机以及无人机的监管环境，无人机在各个领域中的应用，最后通过实例讲解了在制作无人机时应该如何选择核心的软硬件。

　　本书适合对无人机感兴趣的科研单位、无人机生产公司、无人机开发制作人员以及发烧友阅读。

作者

Daniel Frenzel，欧洲分子生物学实验室博士后。他喜欢组装电子设备和编写计算机固件程序。他目前正在建造一种多旋翼直升机——某种带有四足式起落架的行走和飞行机器人。同时他也在编写一个神经网络的函数库，并且喜欢以原型化方式创建脚本语言。

Alex Keyes，福特汉姆大学玫瑰山校区计算机视觉实验室研究员，他还是 Adept Technology 公司的一名机器人软件工程师实习生。他热爱计算机并且痴迷于编程。

Tihomir Nedev，企业家、工程师，也是无人机软件公司 Flyver 的联合创始人。早在 2010 年，他以大学项目的形式制造了第一架无人机，时至今日已经摔掉了几十架无人机。他热衷于硬件和新兴技术，同时拥有一家 3D 打印公司和一家极富创新精神的义肢制造公司。

Pepe Valverde，对技术充满激情的电信工程师。作为电子学和编程的狂热爱好者，他在无人机生态系统中发现了广阔的机遇，并且每天都在制造和分享一些新东西。在业余时间，他喜欢为 ArduPilot 开源社区做贡献。

注： 美国 Adept Technology 公司是一家专门从事工业自动化的高科技生产企业。

美国 Flyver 是一家从事无人机软件开发的高科技公司。

前言

本书读者对象

本书适合那些想以技术视角了解无人机的人（主要是无人机开发与制作人员）阅读。本书还适合对无人机技术感兴趣的人阅读。

阅读本书的前提条件

阅读本书不需要任何特定知识。然而，若想充分利用本书内容，最好掌握一些电子和编程方面的知识。书中有一些代码是用 C 语言编写的，但是阅读本书并不一定非要掌握编程知识。

本书内容

本书将为读者介绍无人机生态系统。通过阅读本书，你可

以知道无人机的工作原理以及制造方法，你还将认识和了解无
人机的组成部分以及一些可能的应用。同时，本书还讲解了一
些法律法规和安全方面的内容。学完本书后，你可以为自己的
无人机开发一个程序，其中会涉及选择合适的部件、制作和调
优无人机，并进行编程。

资源与支持

本书由异步社区出品，社区（https://www.epubit.com/）为您提供相关资源和后续服务。

提交勘误

作者和编辑尽最大努力来确保书中内容的准确性，但难免会存在疏漏。欢迎您将发现的问题反馈给我们，帮助我们提升图书的质量。

当您发现错误时，请登录异步社区，按书名搜索，进入本书页面，点击"提交勘误"，输入勘误信息，单击"提交"按钮即可。本书的作者和编辑会对您提交的勘误进行审核，确认并接受后，您将获赠异步社区的 100 积分。积分可用于在异步社区兑换优惠券、样书或奖品。

扫码关注本书

扫描下方二维码，您将会在异步社区微信服务号中看到本书信息及相关的服务提示。

与我们联系

我们的联系邮箱是 contact@epubit.com.cn。

如果您对本书有任何疑问或建议，请您发邮件给我们，并请在邮件标题中注明本书书名，以便我们更高效地做出反馈。

如果您有兴趣出版图书、录制教学视频，或者参与图书翻译、技术审校等工作，可以发邮件给我们；有意出版图书的作者也可以到异步社区在线提交投稿（直接访问 www.epubit.com/selfpublish/submission 即可）。

如果您是学校、培训机构或企业，想批量购买本书或异步社区出版的其他图书，也可以发邮件给我们。

如果您在网上发现有针对异步社区出品图书的各种形式的盗版行为，包括对图书全部或部分内容的非授权传播，请您将怀疑有侵权行为的链接发邮件给我们。您的这一举动是对作者权益的保护，也是我们持续为您提供有价值的内容的动力之源。

关于异步社区和异步图书

"**异步社区**"是人民邮电出版社旗下 IT 专业图书社区，致力于出版精品 IT 技术图书和相关学习产品，为作译者提供优质出版服务。异步社区创办于 2015 年 8 月，提供大量精品 IT 技术图书和电子书，以及高品质技术文章和视频课程。更多详情请访问异步社区官网 https://www.epubit.com。

"**异步图书**"是由异步社区编辑团队策划出版的精品 IT 专业图书的品牌，依托于人民邮电出版社近 30 年的计算机图书出版积累和专业编辑团队，相关图书在封面上印有异步图书的 LOGO。异步图书的出版领域包括软件开发、大数据、AI、测试、前端、网络技术等。

异步社区

微信服务号

目录

第1章　无人机简介 ·· 1

1.1　什么是飞行无人机 ·· 1

1.2　无人机软件生态环境 ·· 3

1.2.1　专利权软件&开源软件 ······································· 3

1.2.2　开源项目 ArduPilot ··· 4

1.2.3　QGroundControl ··· 4

1.2.4　MAVLink ··· 5

1.3　什么是无人机飞行模式 ··· 6

1.3.1　手动模式 ··· 6

1.3.2　特技模式 ··· 7

1.3.3　定高模式 ··· 7

1.3.4　定位模式和悬停模式 ··· 7

1.3.5　返航模式和自动着陆模式 ···································· 8

第2章　无人机的硬件组成 ·· 9

2.1　无人机部件组成 ··· 10

2.2　机架 ·· 11

2.2.1 木质机架 ·· 11

2.2.2 玻璃纤维增强机架 ·· 11

2.2.3 碳基材料机架 ·· 12

2.2.4 铝制机架 ·· 12

2.2.5 聚苯乙烯机架 ·· 13

2.3 动力 ··· 13

2.3.1 了解锂聚合物电池 ·· 13

2.3.2 电机 ··· 16

2.3.3 电子调速器 ·· 18

2.3.4 螺旋桨 ·· 19

2.3.5 发射机 ·· 19

2.3.6 降噪处理 ··· 20

2.3.7 GPS ·· 21

2.3.8 罗盘 ··· 22

第3章 多旋翼无人机基本部件 ································ 24

3.1 无刷电机 ·· 24

3.1.1 螺旋桨 ·· 26

3.1.2 螺距 ··· 27

3.1.3 动力分配 ··· 28

3.1.4 控制面板 ··· 31

3.2 传感器和传感器失真 ··· 33

3.2.1 加速度计 ··· 34

3.2.2 陀螺仪 ·· 36

3.2.3 罗盘（偏航式） ·· 37

3.2.4　气压计 ··· 38

3.2.5　声呐/激光雷达 ·· 38

3.2.6　GPS ·· 39

3.3　为什么必须使用软件滤波器，如何用于传感器的

融合 ··· 39

3.4　滤波器用于姿态估计 ··· 40

3.4.1　低通滤波器应用于加速度计 ······························· 40

3.4.2　姿态估计 ··· 43

3.5　无人机姿态控制 ··· 48

3.5.1　PID 的实施 ·· 48

3.5.2　PID 调节器用于姿态控制 ···································· 51

3.6　小型无人机固件程序的简单实例 ·································· 58

3.7　总结 ··· 66

第 4 章　固定翼机 ··· 67

4.1　固定翼机 VS 旋翼机 ·· 67

4.1.1　固定翼机 ··· 68

4.1.2　旋翼机 ·· 70

4.2　飞行器部件 ·· 73

4.2.1　伺服电机 ··· 74

4.2.2　空速计 ·· 78

4.3　飞行器的运动 ··· 80

4.4　PID 调节器 ·· 81

时间常数：横滚时间常数 ··· 85

4.5　飞行模式 ··· 88

4.5.1 手动模式 ·················· 88

4.5.2 稳定模式 ·················· 89

4.5.3 电传操纵模式 ·················· 89

4.5.4 高度控制模式 ·················· 89

4.5.5 油门控制模式 ·················· 90

4.5.6 航向锁定模式 ·················· 90

4.5.7 自动模式 ·················· 90

4.6 飞行控制板 ·················· 91

4.6.1 独眼龙系列 Tornado ·················· 92

4.6.2 Vector 系列 ·················· 92

4.6.3 Ikarus OSD 系列 ·················· 92

4.6.4 基于 ArduPilot 代码的产品 ·················· 93

4.7 ArduPlane 固件程序 ·················· 94

4.8 总结 ·················· 96

第5章 安全与监管 ·················· 97

5.1 操作安全 ·················· 97

如何实现安全 ·················· 98

5.2 当前监管环境 ·················· 101

5.2.1 娱乐用途 ·················· 102

5.2.2 商业用途 ·················· 104

5.2.3 公共用途 ·················· 105

5.3 临时飞行限制 ·················· 105

5.4 总结 ·················· 105

第 6 章 无人机的应用 ················ 106

6.1 娱乐与爱好 ················ 106
6.1.1 航拍 ················ 106
6.1.2 视频稳定 ················ 107
6.1.3 第一人称视角拍摄 ················ 109
6.1.4 竞速 ················ 110
6.2 工业与专业应用 ················ 110
6.2.1 电影制作 ················ 111
6.2.2 检查 ················ 111
6.2.3 油气监测 ················ 112
6.2.4 光伏产业 ················ 112
6.2.5 建筑业 ················ 113
6.2.6 采矿业 ················ 113
6.2.7 飞机检查 ················ 113
6.2.8 监控 ················ 114
6.2.9 考古 ················ 114
6.2.10 快递 ················ 114
6.2.11 测绘 ················ 115
6.2.12 农业与耕作 ················ 115
6.2.13 搜救 ················ 116
6.2.14 野生动物保护 ················ 116
6.2.15 防火与防洪 ················ 117
6.3 总结 ················ 117

第 7 章　核心软件工具 ················118

7.1　APM Planner ················ 120

7.2　MAVProxy ················ 121

7.3　软件开发套件 ················ 121

7.4　Parrot ················ 123

7.5　ARDroneSDK3 ················ 125

7.6　DJI 大疆 ················ 126

7.7　手机 SDK ················ 126

7.8　总结 ················ 127

第 8 章　核心硬件 ················ 128

8.1　Pixhawk 飞控系统 ················ 128

8.2　AUAV-X2 飞控系统 ················ 129

8.3　Pixracer 飞控系统 ················ 130

8.4　大疆的 Naza 系统 ················ 131

8.5　骁龙（Snapdragon）飞控 ················ 132

8.6　Navio 飞控 ················ 133

8.7　Erle-Brain 和 PXFmini ················ 134

8.7.1　Erle-Brain ················ 134

8.7.2　Erle-Brain 2 ················ 135

8.7.3　PXFmini ················ 136

8.8　智能手机飞控系统 ················ 136

8.9　惯性测量单元 ················ 137

8.10　气压计 ················ 138

8.11 光流传感器 ·········· 138

8.12 空速计 ·········· 139

8.13 接近传感器 ·········· 139

  8.13.1 激光雷达式接近传感器 ·········· 139

  8.13.2 卫星导航接收机 ·········· 140

  8.13.3 热成像传感器 ·········· 141

  8.13.4 多谱段成像传感器 ·········· 141

8.14 激光雷达 ·········· 142

8.15 集成电路总线 ·········· 142

8.16 串行外设接口 ·········· 142

8.17 通用异步收发器 ·········· 143

8.18 未来:控制器局域网络 ·········· 143

8.19 远程控制 ·········· 145

  8.19.1 遥测模式 ·········· 145

  8.19.2 云端模式 ·········· 145

  8.19.3 副驾驶模式 ·········· 146

8.20 总结 ·········· 146

第**1**章
无人机简介

人类一直痴迷于飞行。我们一直梦想着能把自己送上天空并俯视大地。全尺寸的飞机和直升机能给我们提供鸟瞰视角，但是却有很多缺点：太大；太贵；需要开辟出很大的一块空间用于起飞和降落。无人机同样可以提供相同甚至更好的观察条件，而且需要的花费要比全尺寸飞行器小。它们可以让使用者获得前所未有的优势来进行观察，而在此之前，这样的优势带来的花费是人们无法承受的。无人机的到来迅速降低了原来使用飞机所伴随的昂贵花销和危险性，也给积极的开发者带来了新的机遇。

1.1 什么是飞行无人机

无人机也称为"无人飞行系统"或者"无人飞行器"，在当今社会越来越流行。无论是计算机辅助型还是手动控制型，无人机都为软件的开发开创了巨大的市场。无人机软件生态系统随着无人机使用的多样化而变得越来越大。从业余爱好者和竞赛者自制的小型、轻型无人机到商业摄影师的大型、重型多旋翼摄影无人机，每一类无人机的使用者都有不同的软件需求。

幸运的是，目前有众多软件库和软件系统可用于无人机控制。这些软件系统大体分为两部分：机载软件系统和地面控制站。机载软件系统实现各种飞行功能，并实现无人机与地面之间收发信息的任务。地面控制站处理无人机反馈的信息，通过操作者修正相关信息并传给无人机。地面控制站也可同时将无人机的位置、飞行姿态以及其他相关状态，例如电池当前电量等信息，以图像的形式传给导航员。

这两部分软件系统都包含无人驾驶系统的关键部件。没有机载软件系统，无人机就无法飞行；没有地面控制站，虽然无人机仍可以飞行，但是很难对其实施控制并随时掌握它的飞行状态。例如，使用大多数地面控制站所提供的分布广泛的航点，无人机可以进行高效的区域巡逻，而这是手动操控无人机无法实现的。通过在多个阶段使用软件的强大功能，开发人员可以提取多个任务并放入一个软件库中，从而使无人机成为一个全方位动态飞行系统。

1.2 无人机软件生态环境

开放源代码的优缺点：

自由；需要修补可扩展性；不能完全兼容定制的特定硬件；没有技术支持。

专利权使用的优缺点：

即插即用；不自由；潜在的专业维护费用高昂；特定硬件的扩展性欠佳；附加部件的功能受限制。

1.2.1 专利权软件 & 开源软件

对于任何软件，无论是开源软件还是专利权软件，在使用和开发上都存在争议。每一种方式都存在其优点和缺点，所以每一个软件项目的开发都要考虑其侧重点。市场上绝大部分在售的无人机都是在拥有专利的软件中运行的，因为大部分消费者都希望简单而有效地使用无人机，并希望得到熟悉该产品的公司的技术支持。然而，大部分爱好者更愿意选择开源软件，以便自己修补与完善无人机内部的运作方式。通常情况下，开源软件拥有完美的扩展性，并且理论上能与任何硬件配合工作；与之对应的是，专利权软件仅能让开发人员设计一种稳定的、与客户使用习惯相一致的程序，并在特定的硬件上达到最佳的工作环境。根据用户的需求和开发者的理念，两种选项似乎都是有吸引力的。

1.2.2   开源项目 ArduPilot

ArduPilot 是一种广泛使用的机载控制系统。基于 GNU 通用公共许可证（General Public License，GPL），使用者可以获得一个从自动控制逐级递减到完全手动控制的软件包。ArduPilot 是一款用 C++编写的无人机飞行控制开源解决方案。而且，ArduPilot 是"无人机代码工程"的一部分，这意味着它也是用于控制与管理无人机飞行的开源程序体系中的一员。"无人机代码工程"寻求创建一个强大而灵活的开源飞控方案以满足所有无人机的需要。"无人机代码工程"能实现多种模式，例如，定位模式、安全模式和特技模式等。对于任何开源飞控项目，ArduPilot 都不能确保完全实现对无人机的控制，但在开发者的热情和努力下，可以在其之上增加飞行控制系统的特色和附属设备。结合 ArduPilot，"无人机代码工程"也可以提供一种开源的地面控制程序：QGroundControl。

1.2.3   QGroundControl

无人机可以利用地面控制站建立并获得自主功能。机载软件只具有利用无人机设备资源来对其进行操纵和管理的能力。利用 MAVLink 协议，QGroundControl 可以让开源软件与单个或多个无人机进行通信。整个系统可以分为若干节点，每一个节点负责控制完成一个特定任务。利用 MAVLink 协议和开放式系统互联（Open System Interconnection，OSI）分层模型，QGroundControl 节点不需要像无人机那样进行通信连接，只需处理来自 QGroundControl 的信息即可。例如，当使用者想要设置航点路径让监控无人机完成扫描任务时，利用 QGroundControl，待扫描区域的边界和模式可以事先设定好，然后由无人机按照预订顺序航行到特定的位置。启动扫描设备就像创建一个 MAVLink 对象并确保 QGroundControl 能对其进行控制一样简单。QGroundControl 的可扩展性还包括提供一个平台环境，让开发者能创建新节点用于实现未曾加入的新特色。如同"无人机代码工程"开源软件具有的能力一样，QGroundControl 是展现 MAVLink 协议强大能力的示范。要想了解使用 QGroundControl 的更多信息，请参考 QGroundControl 开发者指南。

1.2.4 MAVLink

MAVLink 是一种无人机通信协议，是"小型飞行器连接"的英文缩写。它允许用户使用 XML 格式（随时转换为适用于各种语言环境的源文件格式）来发布数据。该协议由 Lorenz Meier 在 GNU 宽通用公共许可证（Lesser General Public License，LGPL）下于 2009 年发布。MAVLink 是一种用 C 语言头文件来编组的程序库，已经在很多商用无人机上得到使用，例如 Parrot AR.Drone/Bebop 和 3DR Solo。MAVLink 还是 QGroundControl

的必备组件。

1.3   什么是无人机飞行模式

任何一架无人机都要有基本控制模式，才能让飞手（无人机控制人员的简称）准确无误地操作并完成各种动作和任务。模式标准清单包括手动模式、特技模式（ACRO）、定高模式、定位模式和悬停模式、返航模式和自动着陆模式以及其他模式。如果使用像 ArduPilot 这样的开源软件系统创建另一种模式，那就跟自己编写测试一个新软件差不多了。

1.3.1   手动模式

顾名思义，所谓手动模式就是机载软件直接接收用户的输入信息并翻译成指令传给无人机硬件系统。通常情况下，大多数飞手利用这种模式直接控制无人机硬件系统。各种自动驾驶仪也会提供不同等级的手动模式，可以让新手逐渐掌握无人机的操控技能。ArduPilot 半手动模式是一个很好的案例。这种模式能够让用户将无人机保持在相对固定的位置，而不用考虑无人机面对的方向。像这种半手动模式和手动模式能够让新手迅速上手无人机的操控。

1.3.2 特技模式

特技模式被认为是一种先进的控制方式。在特技模式下，当使用者将摇杆推至中间位置时，无人机并不会恢复到平飞状态。这样，高级使用者就能够让无人机做出更不可思议的动作，就像在无人机自由式飞行比赛或者无人机竞速赛中看到的那样。然而即便是专家级别的使用者也会出现失误，并且当你已经可以心平气和地熟练使用这种飞行模式时，还是避免不了频繁的碰撞事故。

1.3.3 定高模式

定高模式可防止无人机快速改变高度，让无人机在二维平面内更容易飞行。这种模式在半自主飞行中经常使用到，可以让操作者免于不停管理无人机的飞行高度。

1.3.4 定位模式和悬停模式

定位模式和悬停模式可以令使用者在不触碰任何操作按钮和摇杆的情况下让无人机保持在恒定位置。这两种模式的关键区别在于：定位模式允许使用者手动控制飞行动力而悬停模式则不能。准确的 GPS 定位、较低的振动、较小的磁场干扰是这两种模式能良好运行的关键。

1.3.5 返航模式和自动着陆模式

返航模式让无人机能够自动飞回到它的起飞位置。返航模式常与自动着陆模式结合使用，使无人机能自动导航飞回预期的着陆点。很多使用者利用这些模式作为一种失效保护。例如，一旦计算机检测到电量降低到某个数值，就会自动切换为返航模式，从而保证无人机能返航并安全着陆。

第 2 章
无人机的硬件组成

对于任何软件系统，要想良好运行就必须有适当的硬件来支持。无人机也不例外，特别是硬件故障就意味着无人机垂直跌落这样的坠机事故！了解如何组装无人机是很重要的技能，因为组装技能对了解每一个部件及其运行方式会很有帮助。制作一架无人机就像组装一台计算机一样，方法非常简单，前提是要正确地使用各种工具。制作无人机的基本工具清单如下。

- 内六角扳手套件。

- 螺丝刀套件（十字槽型和普通型）。

- 烙铁。

- 剪线钳。

- 老虎钳。

- 多用途刀具。

- 电工胶带。

- 剪刀。

一旦清理出一块工作区域，就可以开始装无人机了。下一节是制作无人机所需各种部件的详细说明，我们将从机架开始介绍。

2.1 无人机部件组成

虽然无人机部件从规格到使用目的有着显著差别，但是所有的无人机都会包含一些基本的零部件，具体如下。

- 机架。

- 电源。

- 电机。

- 油门。

- 螺旋桨。

- 发射机。

- 飞行控制板。

所有这些部件协调工作才能创造出一个平稳的飞行平台，以实现各种任务。

2.2 机架

理想的无人机机架应该是坚固且轻质的。要想让电机的振动幅度最小，机架的刚度至关重要。机架的第二个要点是电机支撑臂的长度。如果设计者想用较大的螺旋桨，则必须确保螺旋桨叶片与其他部件之间留有一定空隙，以免由于振动导致某些部件触碰到螺旋桨。碳材料制成的螺旋桨能够轻易切断电线和所有较软的材料，在制造无人机时要切记这一点。

2.2.1 木质机架

在线上论坛中，经常有人推荐使用木材来制造廉价的无人机。考虑到木材的抗拉强度与自重的关系，它就不能算作轻质的材料了，而且木材的刚度也不高。为了克服这些缺点，无人机制造者就要用更厚的木板来替代，或者只在受力较小的部件上使用木材。木材的唯一优点是价格便宜。如果只想制造一个供测试使用的机架而不太会考虑它的耐久度，那么木材也是可以的。木材通常用来制作一个尽可能便宜的无人机或者测试机型，而在专业的无人机上不多见，也不推荐使用。

2.2.2 玻璃纤维增强机架

在中小型（小于等于30.48cm）无人机中，广泛使用了玻璃纤维增强机架。玻璃纤维能增强被嵌入材料的抗拉强度。这种合成材料比同等尺寸的碳材料更重而且刚度更差。然而玻璃纤维合成材料能够以更剧烈的方式着陆而且不怕摔。同时它还可以被加工成任何形状；反之，碳质机架只能以板状或管状进行组装。

有些制造商，例如 Hoverthings，喜欢用数控铣削成的 1cm 宽的玻璃纤维板制作飞行器的支撑臂，从而得到较好的耐久度。这些机架是初学者的理想材料，因为在第一次摔机时它能保持完好无损。

2.2.3　碳基材料机架

碳是很轻而且刚度很大的材料。碳材料在大型无人机中应用广泛，因为它能让电机支撑臂尺寸超过 400mm 的无人机保持较低的重量。然而由于碳纤维缠绕形式、缠绕圈数和厚度的不同，碳质机架无人机的质量也是有所不同的。理想的做法是在购买之前检查碳纤维的材质，但大多数有信誉的商家销售的产品都是耐用的。

2.2.4　铝制机架

铝基材料是制作无人机机架的另一个选择。它质量相对较轻，但最大的问题是铝制（铝合金制品）组件在发生事故或受力较大时容易发生弯曲。

2.2.5　聚苯乙烯机架

强烈反对将构件放置于使用聚苯乙烯制成的机架上。聚苯乙烯对火和许多溶剂非常敏感，而且它的力学性能很差。由于聚苯乙烯制机架容易发生断裂，因此将较重的部件安装在上面存在很高的潜在危险性。即使不存在危险，如果决定将小而轻的部件放置于相对较大的聚苯乙烯机架上（由于聚苯乙烯材料很脆弱），也能感觉到空气阻力，而这将使无人机飞行体验变得很差。

2.3　动力

每一个发动机的运行都需要燃料。有些大型无人机使用汽油或柴油航空发动机来提供更长的飞行时间和更有效的续航。军用无人机的设计选项也包含了喷气式发动机，用于向无人机提供足以媲美其他各类军用飞机的性能。然而，大多数无人机使用的旋翼尺寸较小，因此可以用锂聚合物电池提供动力。锂聚合物电池能够在重量、动力输出和充电性能之间找到平衡。

2.3.1　了解锂聚合物电池

锂聚合物电池包括携带电荷的多个聚合物电池单元。这些单元用导线连为一体，放置于容器中。锂聚合物电池具有重量轻、可变形等特点，同时能够提供足够的能量输出并具备快速充电性能。锂聚合物电池在遥控领域应用广泛，从手机到电动汽车等几乎所有的电池驱动设备中都能找到。对电池类型参数做一些了解，可以为特定的无人机选择更合适的电池。

锂聚合物电池的标准参数与其他种类的电池相同。这些参数有电压、放电率和容量，其中的每一个指标都会单独影响无人机的性能。例如，重量较大的航拍无人机不会寻求竞速无人机所需要的速度和敏捷度。这就意味着航拍无人机所用的电池会不同，原因是无人机所使用的电机类型不同，而且无人机所参考的性能标准也不一样。

1. 电压/以电池单元计算

电压是衡量无人机性能的重要指标，因为电压能控制电机的最大转速。无刷电机用 KV 值划分等级。该指标意味着当电机 KV 值为 3 500 时，施加在电机上的每伏特电压可以驱动电机达到 3 500r/min 的转速。所以，标定为 7.4V 的电池用在具有 3 500KV 值的电机上时，可以达到 25 900r/min（7.4V×3 500KV）的转速。基本上可以说，电机的电压越高，无人机就可以飞得越快。

每个锂聚合物电池的标定电压为 3.7V。典型的锂聚合物电池包含多个电池单元，也就意味着电池电压是多个电池单元电压的总和。例如，包含两个单元的电池总电压为 7.4V，即 3.7V+3.7V=7.4V。大家也可能听说锂聚合物电池用 S 来表示型号。S（series）就是串联的意思，一个2S的电池就是串联两个电池单元的意思。电池单元的数量经常会受限于自身的重量。电池的单元越多，电压也就越高，但同时意味着会给无人机增加更多重量。

2. 容量

燃料的容量是衡量持久度的关键指标。电机转动时间越久，无人机在空中停留的时间就越长，也就可以完成更多的飞行任务。锂聚合物电池容量用 mAh 来衡量。典型的电池容量一般在 5 000mAh 左右，但也有较大的电池容量能达到 12 000mAh 以上。虽然拥有更大的电池容量听起来是必然选择，但重量和热量积累问题也会造成很大的顾虑。大容量电池重量更大，也更容易变热。确保在推荐温度下使用大容量电池，是保障电池寿命和安全操作的关键。

3. 放电率

理解放电的概念对确定电池的最大性能很重要。如同电脑的电源一样，电池不仅要提供持续的电量，当设备需要更大的能量，比如无人机起飞时，还要有瞬间的大电量输出。我们用放电率 C 来衡量电池的能量输出性能或能量密度，这个参数代表电池能够安全提供的最大电流。如果 C 值超过允许值，则会造成电池老化（最好的情况）或者起火燃烧（最坏的情况）。相对于电压和容量的度量，放电率的度量更容易让人困惑，因为放电率源自于一个简单的公式，这个公式使用电池的容量（mAh）作为变量。这个公式为 $C=$ 容量 $\times 20$，其中容量单位为

安培。当电池的容量为 5000mAh 时，电池的总放电率为 100，
因为 5000mAh=5Ah，而 5×20=100。

2.3.2 电机

没有电机，无人机是无法飞行的。无刷电机是制作无人机
的基本部件。实际上无人机就是靠电机和螺旋桨的配合工作才
能在空中飞行。为了确保无人机飞行的时间更久，就要在电机、
螺旋桨、无人机总重之间找到平衡点。

像所有的电动机一样，无刷电机也包括以下几部分：轴承、
磁体（小型电机用钕磁铁，大型电机用电磁铁）、线圈以及用轴
承连接的定子和端盖。无刷电机的关键指标是 KV 值、磁极数、
重量、空载电流、最大电流和最大电压。以下内容会介绍这些
术语。

1．KV 值

KV 值将电机的电压与转速联系在一起。KV 值越大，电
机在额定电压下的转速越高。无刷电机包括磁体和线圈。磁体
的数量决定了电机的极数。极数越多，电机中绕线匝数也就越
多。线圈匝数越多，磁场越强，磁场与磁极互相影响从而带动
电机旋转。磁场越强，用于给电机加速的力量就越大，这可以
让物体产生更大的加速度。

KV 值较低的电机极数也更少，较少的极数意味着能有更多
空间容纳更粗的导线。相比之下，KV 值较高，则极数更大，也

意味着空间更少，容纳的导线更细。导线的粗细决定能够通过的最大电流，因为电流产生的热量会让周围的绝缘体老化。导线粗细和绝缘体质量会限制设备所能承受的最大电流。所以 KV 值较小的电机转速较低，具备更高的电压，配备体积较大的螺旋桨；KV 值较大的电机转速较高，具备更高的电流，配备体积较小的螺旋桨。当然这些高低不同要根据负载情况来确定。我们可以把以上这些说明当做经验法则来使用。

2. 最大电流和空载电流

最大电流的判定很简单，每一个电气元元器件在失效前都有电流极限值。空载电流定义了电流在电机上的损耗值。空载电流参数描述了在没有载荷的情况下电机自身的电流消耗。选用电机时，经常要权衡导体的品质、电机总重、电机内可利用空间这 3 个因素。更细的导线会有更高的电阻和更大的能量损失。

通常应该选用具备最小空载电流的电机，但制造商一般不会把这项参数标出。

3. 最大电压

这个参数是指在不损坏电机的基础上加载的最大电压值。使用者经常会加载一个更高的电压用于抵消电机在某一输出功率下的电流损耗，同时也可以增强用于驱动无人机的直流电动机的磁场强度。这种方法也可以降低罗盘的偏差与失真（后面会谈到）。遗憾的是，提高电压这种方法也有局限性。很多人会认为电压受限于电线绝缘层的厚度，然而最大电压值是生产商主观制订的用于限制最大功率的参数。从理论上来讲，也许可以在更高电压下运行机器，但需要密切关注温度和电流消耗。

2.3.3　电子调速器

电子调速器的功能等同于无人机的油门。它可以通过逻辑电路板向电机发送指令。电子调速器把从锂聚合物蓄电池传来的信号转变为交变方波。一般来说，无刷电机是三相的，每一相位瞬时值都是变化的。任一时刻都存在高电势、低电势和中间电势。每个相位控制电机各部分的电流值（在开、关、中间瞬态之间转换）。因为每个相位的信号在不断改变，导致电机各对应位置也围绕中间转子在开、关、中间瞬态间变化，所以电机将发生旋转。改变相位，则电机会反转。

购买电子调速器时，主要考虑转换频率、重量和额定电流。如果使用时超过额定值，电子调速器会像电机一样过热并失效。

为了避免电子调速器出故障，要确保电子调速器在平均工作电流以下运行或者针对工作电流增加 50%的冗余量。这样可以保证电子调速器在极端能量输出时不发生过热现象。

例如，无人机正常工作的电流为 20A，那么就买一个至少30A 的电子调速器。通常无人机可以超负荷运行，因为承受短时的过量载荷并不会立刻对硬件造成损伤，这样就可以节省更多空间和重量用于增加飞行时间。此外，建议购买高质量的电子调速器，这种电调具备更高的电压耐受性（6～10 单元串联电池），在电流更低而电压更高的条件下工作可以减小电子调速器过热的压力，可惜这种硬件会更贵。

2.3.4　螺旋桨

没有螺旋桨，无人机无异于一块石头。不幸的是，在人们想要省钱时，首先会打螺旋桨的主意。这种想法是错误的，因为螺旋桨的价格与它的质量紧密相关。买一个便宜的螺旋桨确实合算，而且无人机可以用它愉快地飞行一段时间。但是，迟早你那 5 美元买的螺旋桨会飞成碎片，而你心爱的无人机也许就会因为 5 美元部件的破裂而损坏。所以不建议在这个地方省钱。不同制造商销售的螺旋桨主要有 3 个指标：材质、直径、螺距。驾驶者应该多准备几个螺旋桨，因为螺旋桨往往是最先摔坏的零部件。

2.3.5　发射机

有多种方法可以与无人机进行通信，其中包括 Wi-Fi、手机信号、2.4GHz 和 433/900MHz 无线电信号。每一种方法都有它的优缺点，通常推荐初学者使用 2.4GHz 频率的无线电跳频传输方式。这种通信方式能够提供可靠的连接也最容易设置。记住，要想让无人机传回指令信号和视频信号，则需要用到指令发射机和视频发射机。另外要注意的是，确保两种发射机在不同频率下工作。如果一个信号在两种频率间交叉传送，会导致两种传输都无法工作，继续传输的严重后果很可能是导致无人机失控并坠机。

对初学者来说，由于连接范围的局限性和信号延迟问题，加上其可靠性较差，不建议使用 Wi-Fi 或者 3G/4G 手机进行通信。

在选择发射机时，还要考虑通道数量的问题。现今的遥控发射机的通道数量从 6 通道到 18+通道不等。大多数入门者不会用到 6 个以上的通道，但有些高级用户会用多个通道去控制着陆装置和其他附加设备。更加高级的发射机还可以嵌入计算机，用来调整每台无人机的特定输入频率。

2.3.6　降噪处理

安静的无人机对私有和公用场合越来越重要。对于电池驱动的无人机来说，产生噪声的地方有如下两个。

- 螺旋桨本身。

- 无人机运行时的主要噪声源是螺旋桨运动造成的快速移动的空气所发出的声音。所以首先从螺旋桨入手降低噪声是符合逻辑的。如何让螺旋桨保持平衡是降低分贝等级的第一步。平衡螺旋桨意味着要确保某个桨叶不会比其他桨叶重。不平衡的桨叶会产生很差的飞行包线、不稳定的飞行姿态、更大的飞行噪声等问题。对任何种类的多旋翼无人机来说，这是必不可少的注意事项。在机翼和桨叶各处进行打磨，可以确保各部位尽可能光滑和机翼前缘尽可能锋利，以起到降

噪的作用。降低旋转速度、增大桨叶直径，也能起到
降噪的作用，因为这意味着无人机在飞行时被搅动的
空气量减少了。

注：飞行包线是以飞行速度、高度和过载等作为界限的封
闭几何图形，用以表示飞机的飞行范围和飞行限制条件。飞行
包线由推力和升力极限、速度等多因素联合决定，取其交集。

2.3.7 GPS

全球定位系统（GPS）模块对无人机来说是一个功能强大
的资源。它通过测量信号到达不同卫星所用的时间来测算无人
机的位置。长久以来，美国的 GPS 卫星网络是唯一可用的系统，
但最近有更多的网络可供使用了，例如俄罗斯的 GLONASS 系
统。利用多个定位系统，接收机能接收到更多的卫星信号，从
而增加了可靠性和定位性能。可以支持 GPS 和 GLONASS 网络
的常见模块是 Ublox Neo 7N 和 Ublox Neo M8N13。

GPS 模块不会向飞行控制器提供特别精确的位置。根据接
收机和所使用卫星的不同，这个误差一般在 3～5m（或者更大）。
然而，GPS 模块仍然可以提供很多有趣的功能。

- 定位：无人机具备在空中保持位置的能力，可以修正由
  风等外界因素导致的移动。没有 GPS 模块的无人机经
  常需要人工操控来保持位置。

- 返航：这个功能可以让无人机自动返回出发时的位置。
  在出发前，需要一个有效的 GPS 信号用来储存出发位

置。通常在紧急情况下，程序会触发返航模式，例如丢失飞控信号、电池电量过低。这时，事先记录的位置就会派上用场。

- 自主飞行：自主飞行通过创建航行基准点并让无人机按照 GPS 引导进行飞行来实现。这是飞行控制器通过 GPS 模块所能实现的较高级的功能。

GPS 模块也可以用来估算无人机的高度值。但是由于不太准确，最好结合气压计来测量高度。

2.3.8 罗盘

罗盘传感器，也可以叫作磁力计，是用来测量磁力的。它们是很重要的设备，因为它们是无人机航向信息的主要来源。虽然 GPS 也可以提供航向信息，但是其提供的信息不像罗盘这般可靠，特别是当无人机静止或处于低速状态时。

在没有准确的航向信息时，无人机在自动飞行模式（定位模式、返航模式、自主飞行模式）下将无法获得正确的移动方向。这时无人机会原地打转甚至会飞丢。

某些种类的飞行控制器会集成罗盘传感器（例如 Pixhawk），但这不是最好的选择，因为这种方式对电磁干扰很敏感。配电板、电机、线圈、电子调速器等设备都会产生电磁干扰。所以使用者经常会外加一个罗盘传感器，特别是使用多旋翼机时。罗盘传感器经常会被捆绑在 GPS 模块上，然后将这个模块安装在远离其他设备并且面向天空有宽广视界的桅杆顶部。使用前对罗盘进行校准是一项重要的工作，尤其是第一次使用前和对机架做任何改动时，必须进行校准。同时建议对时间进行校准，特别是当飞行环境改变时，例如，不同的位置、接近磁场环境或较强的射频源环境、恶劣天气等。不能正确地调试罗盘常常是无人机飞丢的最大原因。

第3章
多旋翼无人机基本部件

在准备创建一个无人机应用之前，了解无人机的基本硬件和各部分用途是很重要的。本章会讲解这些内容。让我们先看一下这些多旋翼无人机所用的硬件。

3.1 无刷电机

制作无人机的基础是无刷电机。要让整个无人机悬停在空中，电机和螺旋桨的组合是必备的。要想让无人机的飞行时间尽可能长，需要在电机、螺旋桨和整个结构重量之间找到平衡点。如同所有电动机一样，无刷电机包含轴承、线圈、磁体（小型电机用钕磁铁、大型电机用电磁铁），以及由轴承连接的定子和端盖，如图 3.1 所示。

图 3.1 KDE Direct 无刷电机

图 3.1 左边的部分包括线圈芯、线圈和滚珠轴承，右边的部分包括永磁体和置于轴承中的转轴。

无刷电机的重要特点是 KV 值、重量、空载电流、可承载的最大电流和最大电压。这些性质在第 2 章已经做了介绍，这里不再赘述。

图 3.2 描述了三相无刷电机典型的工作循环过程。要使电机转动，需要利用电子调速器让三相直流电交替出现。每个相位都会随时间依次改变开关状态。

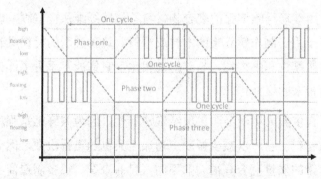

图 3.2 三相无刷电机典型的工作循环过程

3.1.1   螺旋桨

用于制作螺旋桨的较普通的材料是木材（经常使用漂白的木材）、各类塑料、玻璃纤维增强塑料和碳纤维。对多旋翼机来说，拥有一副坚固的螺旋桨是非常重要的。因为由不稳定气流造成的振动不仅会损害控制仪器，也会影响螺旋桨的效能。

木材并不是很轻巧的材料，同样也不是特别坚固。它的耐久度也不如碳纤维和玻璃纤维增强材料，甚至会在承受较大载荷时破裂。但是木质螺旋桨相当实惠。如果担心在调整原型机参数时破坏 200 美元的碳纤维螺旋桨，那么木质螺旋桨就是很好的选择。

塑料质螺旋桨是最便宜的选择。但它们经常会在没有明显缘由的情况下突然断裂。再者，由于塑料螺旋桨的质地非常坚硬，因此很容易发生振动。而且随着时间推移，塑料质螺旋桨会因为温度或紫外线的照射变得越来越脆。

用玻璃纤维增强的聚合物材料不如碳纤维那样坚固，但却远好于用于制作螺旋桨的木材或塑料。这种类型的材料具有更好的柔韧性和耐久性，与碳纤维相比，它们能容忍更多操作失误所带来的损害。

大多数人可能会购买碳纤维螺旋桨，因为碳纤维是强度很大的材料。它可以减少振动，增加无人机的飞行次数。然而，碳纤维的质量也会有很大的不同。目前来看，很多制造商不会去优化螺旋桨的外形，这将导致螺旋桨寿命大大降低，产生更大的振动和巨大的噪声，还会降低螺旋桨的提升力。

实际上 T-Motors 销售的碳纤维螺旋桨内部由漂白木材制成，外面用层层碳纤维压制而成，质量相当不错。这种制作工艺让螺旋桨既轻便又坚固。最后经过外形的优化，这种螺旋桨可以飞行很多次。

直径

螺旋桨的直径是其最主要的特点，决定了螺旋桨的静推力。只要电机能带动螺旋桨转动，那么螺旋桨直径越大，提升力就越大。因为螺旋桨能够输出的理想静推力依赖于螺旋桨的面积。

$$S = \sqrt[3]{2\rho FP^2}$$

其中，S=推力（N），ρ=空气密度（kg/m^3），F=螺旋桨面积（m^2），P=电机功率（W）

3.1.2 螺距

螺距定义为螺旋桨旋转 360° 的过程中，螺旋桨上某一点轴向移动的距离。这个距离由螺旋桨倾角决定。倾角越大，则移动距离也越大。

相比较小螺距的螺旋桨，具有较大螺距的螺旋桨在推动空气时将产生更大的加速度，因此它们可以获得更大的升力和更高的飞行速度（在其他参数完全相同的情况下）。然而对于多旋翼机来说，小螺距螺旋桨更为适用，因为小螺距的无人机在飞行时显然更安静也更容易操控。这种区别可以解释为扰动空气的程度越强，空气获得的加速度就越大。

如果计划把无人机作为摄像载具，那么建议选择直径更大、螺距更小的螺旋桨；如果计划打破飞行速度记录（有些人喜欢第一人称视角竞速比赛），那么推荐使用直径较小而螺距较大的螺旋桨和转速更高的电机。

3.1.3 动力分配

如果计划从头制作无人机，而不是升级一个旧无人机的话，那么动力会成为一个重要因素。对此有以下几个挑战。

- 动力分配装置的重量要轻。

- 产生的磁场要尽可能小。

- 可靠性高（包括在较热的环境下）。

- 最好只用一个电池进行动力输入，可以使系统简单便于维护。

动力分配装置的重量受到线圈的直径和长度限制，并且应该与电流消耗相匹配。首要原则是，连接电池和动力分配装置的导线粗细应该以电池的导线为参照：如果电池使用直径 4mm 的铜导线，那么也要在动力分配装置上使用 4mm 导线。关注导线温度是很重要的，导线的温度可能会上升，但不应该变得很热。否则就要减少飞行的时间，不然很有可能发生导线着火的事故。

- 8AWG 导线—150A+。

- 13AWG 导线—100A+。

- 14AWG 导线—80A+。

- 16AWG 导线—50A+。

- 18AWG 导线—30A+。

- 20AWG 导线—20A+。

- 22AWG 导线—10A+。

磁场干扰

从动力分配装置到电子调速器的导线越短越好。从电子调速器到交直流转换器的导线可能会相当长，原因是要将静态磁场降到最小以避免罗盘产生失真现象。然而也会有人将导线缠绕放置，这样可以让电子调速器位于电动机正下方。人们也会因为节省空间、电子调速器带有 LED 屏或获得更好的冷却效果而这样放置导线。

这种情况下，磁场会变得相当强。解决这个问题的唯一办法是将导线缠绕起来（因为所需导线更长而变得更重），同时将罗盘放在离噪声远一点的地方。在图 3.3 中可以看到是如何组装动力分配系统的。整个动力系统坐落在无人机的主框架板之间。动力分配板放置在图中央的黑盒里面，并与电压监视器（AttoPilot 180）相连。电压监视器则与电池和 4 个位于电机下方的电子调速器连接。

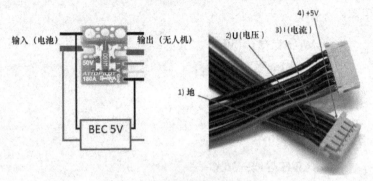

图3.3　如何组装动力分配系统

设计是模块化的结构，所以这里用了 4mm 的连接插头（在黑色绝缘体下方）和 XT60 适配器。使用模块化的设计而不是将元元器件焊接在一起的原因是显而易见的，那就是当系统崩溃时，插头可以与导线脱离来避免损坏其他硬件上的导线。随后可以很容易地重复使用动力分配系统的大部分组件，把它们用在一个新的框架上。同时，也可以很容易地更换或修复损坏的元元器件。

电压监视器也可以连接在一个 5V 的大功率免电池电路和 DF13 型连接器上，通过电池使用稳定的 5V 电压向控制板供电。在我的系统上可使用多达 10 个锂聚合物电池，因为大功率免电池电路可以承受很高的电压。图右侧是另一个大功率免电池电路，用于提供 12V 电压，这对于把视频传输系统或 LED 屏连接进来是很有帮助的。图中所有元元器件都进行了很好的绝缘，这样可以避免在潮湿环境中出现短路现象。通过这样的设计，只需一个电池就可以做电源了。大功率免电池电路可以产生电压用来给其他所有元器件供电。与依赖第二个电池的无人机相比，这样可以让整机的重量显著降低，结构也更简单。

在图 3.3 左侧中部是动力分配控制板（带有焊点的简易 PCB 板）。电池导线连入从上部中心伸出的电源插口并通过电源监视器（AttoPilot 180）。另一侧展示的是分正负极的成对导线，经由框架支架进入电子调速器。底部和右侧是连接在电池电路上的两个大功率免电池电路（UBEC）。大功率免电池电路（UBEC）可输出 5V 电压，用于给无人机控制板提供电力，并与电源监视器（AttoPilot）连在一起。这样的设计可以只使用一个 DF13 连接器对系统进行供电并监测所需的电压和电流。

3.1.4　控制面板

无人机控制面板的数量在不断增加。很多不同型号的系统和平台逐渐被淘汰。最近这几年，大多数面板都是以 ATMega2560 芯片为基础制成的。在这之后，随着 ARM 架构系统成为新的标准，在 ARM 架构系统下运行 NuttX 实时嵌入式操作系统的控制面板渐渐流行起来。ARM 架构系统最大的优势是支持硬件加速浮点代数运算。ATMega 这类芯片可以在软件中进行浮点运算，尤其是在整数运算时，可以大大提高计算速度。如今，基于 Linux 系统的集成扩展板的单板机逐渐成为新趋势。各类控制板包含用于额外硬件上的各类传感器和连接器，并且均与如同 Raspberry Pi 2 或带有通用输入输出引脚的 BeagleBorad 一类的单板机相连。

与 NuttX 系统相比，Linux 系统明显具有更大的驱动器堆栈和功能更强大的软件版本序列。你可以给无人机加装任何类型的 USB 接口或 PC 接口的硬件模块（如 WiFi USB 模块、网络摄像机、3G 调制解调器、LCD 面板或者麦克风等设备）。而且目前市面上也有很多针对这种系统的程序库（如 Qt5、GTK 等）和脚本及编程语言（如 Python）。从这些方面来看，其他基于 ARM 或 ATMega 架构的系统无法与之媲美。

与 PX4 面板（也是 ARM 架构）相比，大多数像 Raspberry Pi 这类 Linux 系统的面板具有显著优势，主要体现在 SD 卡磁盘空间、RAM 空间和时钟频率上。在 Linux 系统的应用上有一个不好的地方，即 Linux 系统不是原始实时操作系统，即使使用一个打补丁的核心也会有很大的开销。Linux 的能源消耗会更高，配置 Linux 的发行版，如 Debian 系统也更为复杂。与基于 NuttX 的即插即用系统相比，Debian 系统容易导致用户在使用中产生更多错误。

作为一个起始项目，建议只有 Linux 偏执狂才适宜把 Linux 系统用在中型以上（螺旋桨直径大于 10in，重量大于 500g）的无人机上。原因是 Raspberry Pi 系统具有 Navio+板卡和较重的电池，这些额外增加的重量限制了无人机的最小尺寸。然而，由于我在使用 Linux 系统的无人机中获得了不少乐趣，因此各位读者能尝试一下是最好不过的。

各类系统列表

- ATMega。
  - ◆ APM 1。

- ◆ APM 2。

- ◆ APM 2.5/2.6。

- ARM。

  - ◆ (NuttX) Pixhawk。

  - ◆ PX4。

  - ◆ Arsov AUAV-X2。

  - ◆ VRBrain。

- ARM (Linux)。

  - ◆ Navio+。

  - ◆ Erle-Brain (2)。

  - ◆ PixHawk Fire Cape。

  - ◆ BBBMINI Cape。

3.2 传感器和传感器失真

有些读者可能会好奇，为什么消费级多旋翼机在最近几年内变得很受欢迎。控制多旋翼机使其悬停在空中需要用到大量传感器。大多数无人机都要运行航姿参考系统（Attitude and Heading Reference System，AHRS）。正如它的名称一样，AHRS必须告诉设备当前的姿态和航向。在行星环境下，AHRS 系统至少需要包含一个陀螺仪、一个加速度计和一个罗盘，在最好的情况下，还应包含一个用于确定位置的 GPS 系统。过去，这种微电子元器件非常昂贵，而最近这几年（由于智能手机的普及）微电子元器件的价格迅速下降。无人机需要的电子元器件成分和智能手机相同，因此无人机控制面板供应商可以用很友好的价格向消费者提供各类硬件。只要看一看易趣网的图片，你就能发现价格是如何降低的。在本节中，我们将会对大多数无人机常用的各类传感器作简要说明，每种传感器都有其特定用途和局限性。

3.2.1   加速度计

顾名思义，加速度计用于估计加速度。在加速度计内部有一个检测质量块（proof mass），如果传感器自身被加速，则它会反映出传感器在特定方向上的加速度。三轴加速度计则带有两个检测质量块。一个用于测量 X、Y 方向的加速度，另一个用于测量 Z 方向的加速度。检测质量块的偏移量就是加速度的测量值，三轴加速度计会在每个轴上反馈一个矢量值。

由于行星环境中存在一个恒定的加速度值指向行星的中心，因此加速度计可以在行星环境下精确地计算飞行器姿态。遗憾的是，加速度计对振动的反应特别敏感。

典型的无人机噪声源来自电机和螺旋桨的振动。在多旋翼机上有多个电机和螺旋桨，而且它们相互间还会产生干扰。你会发现在某一电机速度下，它们之间的振动会加剧或抵消。在处于飞行状态的无人机上，每一个电机的运转速度会不断变化来让整个系统保持平衡（后面会解释），因此对速度做出预测是不可能的。因而，如果我们真正渴望制造一个可靠的无人机平台，那么必须密切关注振动问题。另外，加速度计读数也可能并不可靠，而这会导致姿态估算产生明显的错误。造成这种状况的间接原因是把加速度计作为参考系来计算陀螺仪漂移（后面会解释），而直接原因是把原始的加速度计数值用作姿态的计算。幸好，现在无论从传感器本身还是软件解决方案上，都有很多方法来减少振动带来的影响。在实践中，这些机制会大大减少飞行时间并提升飞行性能。

减少振动冲击的一个简易办法是使用 3M 公司的凝胶垫。

图 3.4 的无人机是基于 Raspberry Pi 系统和 Navio+ 面板而制成的。这让控制系统变得很重。为此，我们使用 T-Motors 公司的小螺距碳纤维螺旋桨和 3M 公司的凝胶垫来减少加速度计一侧的振动，如图 3.5 所示。

图 3.4 基于 Raspberry Pi 系统和 Navio+ 面板而制成的无人机

图 3.5　使用 T-Motors 公司的小螺距碳纤维螺旋桨和 3M 公司的
凝胶垫来减少加速度计一侧的振动

此外，可以选择刚度很大的机架来减少振动。它的另外一
个积极作用是发生碰撞时不容易损坏。

3.2.2　陀螺仪

早期的陀螺仪是全机械设备。相比之下，现代的陀螺仪跟
它们毫无共同之处。高端系统和军事目的所使用的环状激光陀
螺仪几乎没有漂移而且非常精确。对于低成本细分市场（消费
电子产品）来说，有微机电系统（Micro-Electro-Mechanical
System，MEMS）陀螺仪和压电式陀螺仪，这些产品不是特别
精确而且有漂移现象。陀螺仪的一个优点是，它不会受振动的
影响，或者说至少不像加速度计那样在多旋翼机工作状态下受
影响。陀螺仪中的压电片作为脉冲发生器用来向压电振动陀螺
中的振子传递振动或者向 MEMS 陀螺仪中的检测质量传递运

动。如果传感器发生旋转，则科里奥利力会作用在振子（压电式）或检测质量（MEMS）上，引起压电陀螺仪的振子产生正交振动（相对于初始振动方向），或在 MEMS 陀螺仪的检测质量上产生一个可测量的力。

3.2.3 罗盘（偏航式）

磁力计可以利用霍尔效应来估算磁场强度。当电流方向垂直于所施加的磁场方向时，就会发生霍尔效应现象。在这种情况下会产生一个电压，叫做霍尔电压。这个电压是对磁场的度量。它可以表现在 3 个空间维度上，可以用传感器估算出地球磁场矢量并指向北磁极。

霍尔效应传感器非常灵敏。不幸的是，无人机不是靠魔法飞起来的，而是靠电力，更糟糕的是，还是使用的直流电。较大型的无人机在某些时刻要汲取很大的电流（20～150A），这会在线圈和电子调速器之间产生静磁场，在电子调速器和电机间产生交变磁场。所有这些状况都会降低罗盘效能，导致偏航角度测算发生失真。可以想象得到，罗盘对于更高层次功能的设备，例如 GPS 导航设备，是很关键的，因为无人机需要知道自己的当前航向以及所在弧面地表的大体形状才能准确定位。

同样，磁场强度和流经导体的电流强度成正比。在无人机上使用更高电压的电子元元器件和电池组（锂聚合物蓄电池组≥6）可能是更有益的设计原则。在同等的功率需求下，线圈上

的电流越小，产生的磁场强度也会越低，同时线圈/插头产生的
热量也会更小。另一个减小静磁场影响的办法是把霍尔传感器
放置在离磁场更远的地方。建议使用 6～10 组的锂聚合物蓄电
池配合低 KV 值的电机来驱动 15in（约 38.1cm）及以上级别的
螺旋桨，这样可以把电流控制在合理的数值范围内。

3.2.4   气压计

大部分控制面板使用 MS5611 型作为气压传感器。这个电
路支持一个 24 bit 的温度值和一个 24 bit 的压力值。对无人机的
高度估计需要用到这两个数值。

$$Z = C \times (Bo\text{-}B) / (Bo + B)$$

$$C = 52\,494 \times (1 + To + T\text{-}64)/900$$

其中，Z 为海拔高度差（单位：ft），B 和 Bo 是两个海拔高
度对应的大气压力值（单位：in Hg），T 和 To 是在两个海拔高
度上的温度值（单位：℉）。

3.2.5   声呐/激光雷达

这些传感器可以用来精确测量海拔高度，但是只适合通过
高频率波段测量低海拔高度。用这些方法可以直接测量海拔高
度值：声呐利用声波进行工作，激光雷达使用的则是光学系统
（普通光线或激光）。对于多旋翼机来说，使用声呐来测量海拔
可能会存在很多问题，因为螺旋桨会产生大量的噪声。

3.2.6 GPS

GPS 可以对飞行器进行位置估算，同时也可以对海拔高度进行测算。大多数芯片会有一个 1～10Hz 的样本频率和 1 米范围内的分辨率。如果有地面站的帮助，则分辨率能提高到厘米级别。在许多自动和半自动飞行模式中，GPS 是关键部件（例如 ArduPilot 飞控系统中的悬停模式）。如果使用者想让无人机保持在一个固定位置，或者按照航路点移动，那么 GPS 就会参与进来发挥作用。

3.3 为什么必须使用软件滤波器，如何用于传感器的融合

如果陀螺仪可以测算出 3 个轴向的角速度（rad/s），那么也许有人会认为可以使用这些数据对位置进行测算，让陀螺仪能够实现抗振姿态估计。可惜陀螺漂移量不是常数，如果陀螺仪的读数被考虑进来而没有误差补偿机制的话，漂移产生的误差叠加在一起会造成很大的灾难。

这也是在 AHRS 中需要使用罗盘的原因。由于我们知道存在陀螺漂移现象并且需要一个参考传感器，因此可以使用罗盘来提供一个航向（偏航轴）参考点。加速度计不能用来确定偏航角度，但是可以提供横滚角和俯仰角。加速度计只能测算横

滚角和俯仰角的原因是偏航轴被地球重力矢量锁定为固定值。

3.4 滤波器用于姿态估计

如果能从根源上解决问题当然很棒。然而对于多旋翼无人机来说，无论是软件还是硬件，都必须用滤波器来处理传感器数据。软件滤波器的优点是灵活性高，这也就是我们会使用不同滤波器嵌入到广为流行的飞控项目（如 ArduPilot 或 PX4 飞行堆栈）中的原因。我们会从低通滤波器开始，因为在多旋翼无人机制作工程中，这种滤波器最简单也用得最多。

3.4.1 低通滤波器应用于加速度计

让我们以加速度计系统作为实例来开始。该系统的最主要干扰源来自振动，直到进行了傅里叶变换之后才能真正了解这些振动的频率分布，而执行这样的实时计算对大多数系统来说都是高强度的工作。尽管如此，我们通常会知道由电机和螺旋桨产生的振动频率相对较高（几百赫兹），而系统外部姿态变换带来的振动频率较低（1～50Hz）。低频率振动意味着使用者用50Hz 的频率向无人机发送控制指令，这些指令需要进行相应的处理和执行。因此最终对姿态变动的解决办法也就随之简化了。我们只需对高频信号内容进行过滤，反之低频信号（例如低于50Hz）则可以通过。

滤波器有两种成本较低的应用方式。

- 将传感器信号进行合成。

- 给信号瞬时值加上一个权重。

给当前电流值仅仅分配 5%的权重，而对原电流值加一个95%的权重可以防止突然产生的信号畸变现象。

经验数值=0.95×初始值+0.05×当前值

在现实场景中，时序是至关重要的。我们看到上面的场景，如果想要定义一个 50Hz 的截止频率，那么可能会考虑一个可变的采样频率，将连续信号数据转变为一定间隔的多个点的信号值。由于任务管理器有更重要的计算工作，有时求值的取样点可能会慢或者快几毫秒，因此必须估计自上次取样以来所经过的时间。

下面的函数实现了这些功能。函数从传感器中提取当前电流值样本、用户所需的截止频率、前次取样并传递至滤波器所经过的时间。如果截止频率的单位是赫兹，那么 dt 的单位就是秒。

```cpp
//给滤波器加进一个新的原始数值，重新得到一个过滤后的结果
template <class T>
T DigitalLPF<T>::apply(const T &sample, float cutoff_freq,
float dt) {
    if (cutoff_freq <= 0.0f || dt <= 0.0f) {
        _output = sample;
        return _output;
    }
```

```
    float rc = 1.0f/(M_2PI_F*cutoff_freq);
    float alpha = constrain_value(dt/(dt+rc), 0.0f,
1.0f);
    _output += (sample - _output) * alpha;
    return _output;
}
```

float rc = 1.0f/(M_2PI_F*cutoff_freq)是带有
截止频率（单位 Hz）的圆函数。频率越高，则变量 rc 越小。变
量 alpha 除以 dt 和 rc 的时间总和，该变量以频率和时间来度量。
经过的时间越长，截止频率越大，则 alpha 值也越高。

这意味着与较低截止频率和较高采样率情况下的样本相
比，相反状况下的电流采样值会在经过滤波器作用后的输出值
中占有更高的比例（影响更大）。这正是我们想要的滤波器效果。

函数 constrain_value 可由下面所示的来自 ArduPilot 程序库
的内容来实现。就我个人而言，我喜欢用附带类型检查的模板
函数来让代码更富有变化。

```
/*
 * 简介: 把一个数值约束在一定范围内: 参数 low 和 high 之间    */
template <class T>
T constrain_value(const T &amt, const T &low, const T &
high)
{
    if (std::isnan(low) || std::isnan(high)) {
        return amt;
    }
    return amt < low ? low : (amt > high ? high : amt);
}
```

函数本身取一个 amt 值并检查该值是否在由参数 low 和

high 定义的范围之内。如果该值在范围之内，则 amt 值会原样返回；否则它会重新设置为 low 或者 high，这取决于该值到底低于 low 参数还是高于 high 参数。

3.4.2 姿态估计

让我们看一看姿态估计的各个步骤。

步骤一 姿态估计中加速度计的应用

加速度计记录每一个坐标轴上的原始加速度值（m/s²）。利用加速度计可以计算出飞行器的姿态，因为地球重力矢量始终指向地心。加速度计可以测量这个加速度值，并且当飞行姿态倾斜时，每个轴上都能够感受到由于倾角不同所产生的分力。这里引用了飞思卡尔的关于"使用三轴加速度计带来倾斜感"的应用说明。计算俯仰角和横滚角的公式如下（x, y, z 分别为在相应坐标轴上的加速度估算值）。

横滚角计算。

$$\tan\phi = \frac{y}{z}$$

俯仰角计算。

$$\tan\theta = \frac{-x}{\sqrt{y\hat{A}^2 \cdot z\hat{A}^2}}$$

在 C++中则通过下列语句实现建议。应用这两个正切函数，是因为正切函数符号可用于正确象限内的计算。

```
#include <math.h>

_rol_euler = atan2(y, z) * 180.f/M_PI;
_pit_euler = atan2(-x, sqrt(powf(y,2) + powf(z,2))) *
180.f/M_PI;
```

如前所述，偏航角计算是不可能的，因为我们要求行星的重力矢量恰好在这个轴上。然而，俯仰角和横滚角的数据已经可以用来抵消掉在两个轴上的陀螺漂移，这对使用者输入正确数据进行飞行来说是足够的了。

步骤二　姿态估计中集成式陀螺仪的应用

陀螺仪用于测量角速度（rad/s）。为了估算无人机的飞行姿态，需要整合这些数值。

$$姿态 = \int_0^t v(t)\mathrm{d}t$$

$v(t)$是以弧度/秒计算的角速度，通过积分运算可以得到弧度值。下面的例子说明 3 个轴向的弧度向度数的转化方法。请注意，陀螺仪的轴向在每一种传感器和每一种实现方式中都不尽相同，这样就要分别进行评估和计算。

```
roll   += (gyro.x * dt) * 180.f/M_PI;
pitch  += (gyro.y * dt) * 180.f/M_PI;
yaw    += (gyro.z * dt) * 180.f/M_PI;
```

注意，最好用低通滤波器来对测算数据进行传输。

步骤三 传感器融合

陀螺仪可以提供一些角度数据，但整个系统仍然不知道哪里是地面。如前面所述，加速度计和罗盘是可靠的参照系。所以一个很简单的应用方法就是利用互补滤波器将这些仪表数据整合起来。这样的滤波器运行如下。

```
filter_output=p_filt*acc+(1-p_filt) *gyr
```

【滤波器输出值=p_filt×加速度计+（1-p_filt）×陀螺仪】

用于传感器融合的滤波器运行规律和低通滤波器一样。唯一与低通滤波器使用经验值和瞬时值不同的是，两种不同传感器的数值需要在不均等的权重下进行综合计算。

这种互补滤波器的优点是简单且性能优良，缺点是过滤常数 p_filt 必须要经过某种调整，以便用加速度计校准陀螺仪产生的漂移现象。这意味着要给抗干扰噪声能力强的传感器更大的权重。如果过滤常数特别大，则又会导致加速度计产生的噪声影响整个无人机的性能。

不幸的是，如果加速度计在很长的时间段内持续受到干扰，则这种模式会导致一些问题：无人机加速飞行一段时间后，其自身会认为自己是倾斜的。更稳健的方法是使用 DCM（方向余弦矩阵）姿态估计算法。

由于陀螺仪的使用有助于加速度计对姿态进行估计，因此基于 AHRS 的 DCM 算法也常见于大多数嵌入式自动驾驶仪中。基于 AHRS 的 DCM 算法应用在 ArduPilot 中是一种简练快捷的方法。这种算法可以运行在 ATMega2560 芯片当中，得到以下结果。

- 整合陀螺仪和加速度计的数据。

- 相对于行星参考系，产生一个无人机旋转矩阵（方向余弦矩阵）。

DCM算法包含以下步骤。

1）创建初始化的 DCM。

- 利用静止位置的加速度计进行姿态估计（如俯仰角/横滚角）。

2）旋转姿态估计（陀螺仪）。

- 估计角速度。

- 纠正传感器漂移。

- 整合角速度。

- 得到瞬时旋转姿态。

3）旋转 DCM。

4）检查 DCM 矩阵的有效性。

- 合法：继续步骤2）。

- 错误：继续步骤1）。

在步骤2）中，DCM 算法变得更为复杂，因为漂移估计和补偿值可通过不同方式实现。例如，加速度计和 GPS（也可以是用于偏航估计的罗盘）可以用来对陀螺仪漂移进行测算。如果利用 DCM 对姿态进行的估计是正确的，那么依据加速度计的数据可以得到一个带有姿态信息（横滚和俯仰）的 DCM 矩阵，这个 DCM 算法矩阵的结果就是一个单位矩阵。

在现实状况下漂移会导致偏差，这种偏差是具有量度的误差（漂移率）。根据相关文献可知，加速度计输出值与重力减去加速度相一致。

$$A_b(t) = g_b - a_b(t)$$

利用 DCM 算法，可以将其转变为大地坐标系（相对地球的旋转度）。

$$R(t) \cdot A_b(t) = g_e - a_e(t)$$

这个叉积代表了漂移误差。

$$e_e(t) = R(t)A_b(t)g_e - a_e(t)$$

重新转变为机体坐标系，可以将其作为输入值用在后面的比例积分微分（Proportional Integral Derivative，PID）调节器中。

$$e_b(t) = R(t) \cdot e_e(t)$$

这里简要介绍一下各个变量，从重力矢量开始。

g_e 为重力矢量（常量）

$e_{e/b}$ 为误差（行星坐标系/机体坐标系）

$a_e(t)$ 为加速度（如 GPS 的加速度）

$R(t)$ 为姿态估计（DCM）

$A_b(t)$ 为加速度计输出值

3.5   无人机姿态控制

现在我们已经对姿态估计有了大致的了解，但是仍然不知道无人机如何真正在空中保持平衡。在本节中将要运用前一章中介绍的知识，了解自动装置是如何利用 PID 来让系统的误差降到最低，并保持自身平衡的。

3.5.1   PID 的实施

PID 控制器的踪影可以在任何一个自动平台中找到，甚至是现代世界的每一个地方。如果你拥有一个 3D 打印机，那么就会有 PID 控制器试图让被加热的床身或者是挤出机处于恒定温度；冰箱里的恒温调节器中也会使用 PID 控制器来保持一定的用户自定义温度；在无人机中，PID 调节器用来保证所需的飞行姿态、一定的高度或者是瞄准某个特定位置。如果你决定制作或使用一个自动设备，就一定无法绕过 PID 控制。

幸运的是，PID 控制器并不复杂，可以用几行代码轻松地描述。基本上，它们由 3 部分组成。

- 线性项。

$$P = Kp \bullet e(t)$$

- 积分项。

$$I = Ki \cdot \int_0^t e(t)\mathrm{d}t$$

- 微分项。

$$D = Kd \cdot \frac{\mathrm{d}e(t)}{\mathrm{d}t}$$

线性项体现了目标状态的差别或误差。积分项则是时间累积误差。它表明这一项的数量不仅会随着误差的增加而变大，也会随着时间的流逝而变大。最后，微分项以误差的变化率为尺度。也就是说，误差变化的速度越快，输出的数值就越大。当然，对于可能的任务来说，PID 控制器的这 3 部分并不是同等重要的。对于一个用于调节房间温度的 PID 控制器来说，它的微分项可以省去。在无人机应用情况下，最重要的一项是线性项，然后是用于补偿恒定误差源的积分项。误差源包括风、不对称机架，以及位于前部的相机。微分项则纠正前两项的"超调量"。换句话说，如果 PI 项设置得过高，则控制器会以高出所需的输出量来响应，用于纠正姿态的错误。结果会造成反方向的倾斜状态，这会让 PI 项再次矫正过度，如此反复，那么整个机体就会发生振荡现象。如果 PI 项不能达到最优化程度，那么这种现象或许可以通过微分项来弥补。

PID 控制可以很容易地通过下面这个源于 ArduPilot 程序库的实例得以实现。

```
float AC_PID::get_p(){
    _pid_info.P = (_input * _kp);
    return _pid_info.P;
}
```

以上代码计算了线性项，这里输入值与恒定放大系数相乘。

```
float AC_PID::get_i(){
    if(!is_zero(_ki) && !is_zero(_dt)) {
        _integrator += ((float)_input * _ki) * _dt;
        if (_integrator < -_imax) {
            _integrator = -_imax;
        } else if (_integrator > _imax) {
            _integrator = _imax;
        }
        _pid_info.I = _integrator;
        return _integrator;
    }
    return 0;
}
```

紧接着是积分项的计算部分。如上所描述，输入值与上次信号呼叫以来的时间累积数，以及恒定放大系数相乘。然后将计算结果添加到积分器变量中。不幸的是，积分器在不可预测的环境中有可能会出故障。那么就必须要有一个阈值检查。

```
float AC_PID::get_d(){
    // 微分部分
    _pid_info.D = (_kd * _derivative);
    return _pid_info.D;
}
```

在 PID 调节器最后这部分中，计算出微分项（描述输入信号的变化速度）并与放大系数相乘。微分项的计算也包括下面的低通滤波器实例：用函数 get_filt_alpha() 返回一个低通滤波常数，变量 _input 储存被过滤的数值，仅除以上次信号呼叫以来的时间累积数，用来计算速度。

```
// 更新低通滤波器数据，并计算微分项
float input_filt_change = get_filt_alpha() * (input -
_input);
_input = _input + input_filt_change;
if (_dt > 0.0f) {
    _derivative = input_filt_change / _dt;
}
```

3.5.2 PID 调节器用于姿态控制

与只有一个主螺旋桨的直升机相比，多旋翼机的不稳定性是天生固有的。一个或几个电机的速度差别，会导致姿态的改变，在最坏的情况下，会造成直升机的翻转。通常这些情况会突然发生（亚秒级），让使用者来不及输入数据进行修正。因此这就需要用控制电路来解决。

四轴旋翼机拥有 4 个互相反向旋转的电机。电机可以通过两种不同方式进行安装：X 型和十字型。每一种布置形式都需要电机时刻调整来保持飞行器的平稳。如果无人机要上升或下降，所有电机都要等比例加速或减速。然而，要执行前后左右运动或者偏航运动等指令，则取决于电机的布局方式。X 型布局（见图 3.6）中，向前的动作需要后方的 3 号和 1 号电机向上调，前方的 4 号和 2 号电机下调，向后的动作调整方向则相反。向左加速则需要上调右侧的 1 号和 2 号电机，同时下调左侧的 3 号和 4 号电机，向右加速则调整方法相反。两种飞行动作都会导致模型成比例地倾斜，这样就会在倾斜方向上产生加速度。

航向的改变可以通过改变对角位置上（4、1 或 2、3）电机的速度来实现。无人机会根据电机的旋转方向发生航向变化。所以，如果想让无人机顺时针旋转，则要对角线位置上两个顺时针旋转的电机增大旋转速度，另外对角线位置上的两个逆时针旋转的电机要减小旋转速度。实现无人机逆时针旋转的方法则完全与之相反。

图 3.6　X 型布局

对于四轴旋翼机的电机布局来说，主要有两种布局：X 型和十字型。对于具有更多电机的无人机来说，可能会有更多的布局种类。通常，两个对位的电机旋转方向相同，而相邻的两个电机旋转方向相反。这样的布局方式可以抵消角动量。未遵照这种基本原则的案例（如三旋翼机），则需要增加一个伺服电机用于补偿角动量。

电机的最终输出信号是 PID 调节器和远程控制的升力信号的综合。横滚输出信号会加给侧位电机，俯仰输出信号会加给前后位电机,如图 3.7 所示。

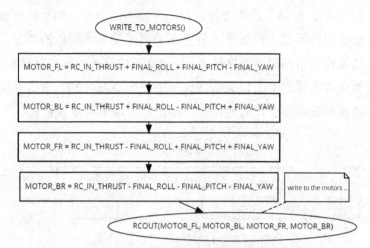

图 3.7 用于控制 X 型四旋翼机的电机输出信号计算

这里展示的是用于控制 X 型四旋翼机的电机输出信号计算:用于俯仰轴的 PID 输出值加到了前方和后方的电机上;用于横滚轴的 PID 输出值加到了侧面(左侧和右侧)的电机上;远程控制的升力输入信号加到了所有的电机上;用于偏航角的 PID 输出值加到了对角位置的电机上。

在 C++程序中,这些信号看起来像下面这样。

```
hal.rcout->write(MOTOR_FL, rcthr+roll_output+pitch_
outputyaw_output);
    hal.rcout->write(MOTOR_BL, rcthr+roll_output-pitch_output
    +yaw_output);
    hal.rcout->write(MOTOR_FR, rcthr-roll_output+pitch_output
    +yaw_output);
    hal.rcout->write(MOTOR_BR, rcthr-roll_output-pitch_
outputyaw_output);
```

PID 不断地用当前姿态与使用者期望的姿态相对比（见图 3.8），如果当前姿态符合使用者输入的信号，则电机的输出值保持不变。如果无人机姿态偏离了使用者期望的姿态，错误输出值偏离的幅度越大，发生误差的存续时间也就越长。如果强风使得无人机长时间处于不理想姿态，PID 对这种误差影响的响应会随着时间而加剧，直到这个误差被修正。

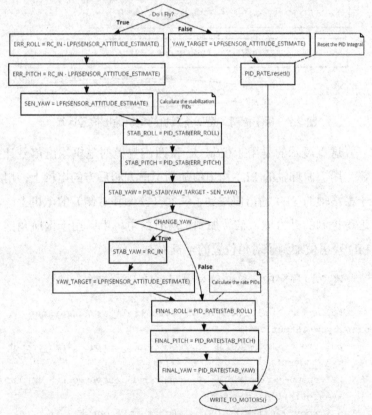

图 3.8   PID 不断用当前姿态与使用者期望的姿态相对比

对所有多旋翼机来说，基本按照以下的流程来运行。

1）利用 AHRS（航姿参考系统）估计当前姿态。

2）利用陀螺仪估计当前的转动改变。

3）评估当前用户输入（油门、俯仰角、横滚角、偏航角）。

4）估计第一误差项：当前姿态与输入值的差别。

5）第一次 PID 应用：将步骤 4 中的误差项输入到 PID 中并得到经过稳定化的输出值。

6）计算第二误差项：计算步骤 5 的 PID 稳定化输出值与步骤 2 中的外部系统变化之间的差别。

7）第二次 PID 应用：将步骤 6 中的误差第二次输入到 PID 中。

8）将输出值传送给电机。

第一次 PID 应用的任务是稳定无人机姿态，第二次则是评估系统是否做出了真正改变。如果无人机没有动作纠正，那么误差会一直存在并随时间变大，PID 向电机的输出值也会持续变强；如果无人机快速向所需的方向倾斜，那么 PID 输出值则会降低。

在下面的例子中，只有当油门控制存在偏差时 PID 才起作用，因为无人机不会在静止的位置稳定自身姿态。而且当无人机降落或者重新起飞时，当前航向会被保存下来。

```
/*
*快速且对时间要求严格的回路:
* -用于控制四旋翼机
* -获取遥控信号
*/
if(rcthr > RC_THR_MIN + 100) { //油门开启,打开稳定器
    //稳定模式 PID
    float dT = hal.scheduler->millis() - iTimeStamp;
    PID_PITCH_STAB.set_input_filter_all((float)rcpit -
    pitch);
    PID_PITCH_STAB.set_dt(dT);
    PID_ROLL_STAB.set_input_filter_all((float)rcrol -
roll);
    PID_ROLL_STAB.set_dt(dT);
    PID_YAW_STAB.set_input_filter_all((float)rcyaw - yaw);
    PID_YAW_STAB.set_dt(dT);

    float pitch_stab_output =
    constrain_float(PID_PITCH_STAB.get_pid(), -250, 250);
    float roll_stab_output =
    constrain_float(PID_ROLL_STAB.get_pid(), -250, 250);
    float yaw_stab_output =
    constrain_float(PID_YAW_STAB.get_pid(), -360, 360);

        //是操作者要求改变航向    -如果直接馈送至比例模式 PID(覆盖航
向稳定输出值)
        if(abs(rcyaw ) > 5) {
            yaw_stab_output = rcyaw;
            yaw_target = yaw; //当操作者停止时记忆这个航向
        }


    PID_PITCH_RATE.set_input_filter_all((float)pitch_stab_
output - gyroPitch);
        PID_PITCH_RATE.set_dt(dT);
```

```
    PID_ROLL_RATE.set_input_filter_all((float)roll_stab_
output -gyroRoll);
      PID_ROLL_RATE.set_dt(dT);
      PID_YAW_RATE.set_input_filter_all((float)yaw_stab_
output - gyroYaw);
      PID_YAW_RATE.set_dt(dT);

      //比例模式 PID
      long pitch_output =
      constrain_float(PID_PITCH_RATE.get_p(), - 500, 500);
      long roll_output = constrain_float(PID_ROLL_RATE.ge
t_p(), -500, 500);
      long yaw_output = constrain_float(PID_YAW_RATE.get_
p(), -500, 500);

      //将 PID 输出值混合并传给电机
      hal.rcout->write(MOTOR_FL, rcthr+roll_output
   +pitch_output-yaw_output);
      hal.rcout->write(MOTOR_BL, rcthr+roll_output-pitch_
output+yaw_output);
      hal.rcout->write(MOTOR_FR, rcthr-roll_output+pitch_
output+yaw_output);
      hal.rcout->write(MOTOR_BR, rcthr-roll_output- pitch_
output-yaw_output);
   }
   else {
      //电机关闭
      hal.rcout->write(MOTOR_FL, 1000);
      hal.rcout->write(MOTOR_BL, 1000);
      hal.rcout->write(MOTOR_FR, 1000);
      hal.rcout->write(MOTOR_BR, 1000);

      //重置偏航目标，所以能够在起飞时保持航向
```

```
yaw_target = yaw;

//在地面时，整体重置 PID
PID_PITCH_STAB.set_integrator(0);
PID_ROLL_STAB.set_integrator(0);
PID_YAW_STAB.set_integrator(0);
}
```

像保持高度或保持位置的这类特点很容易实现。作为 stab
语句的占位符，你可以把当前姿态和期望姿态之间的高度/位置
差值插入其中，利用对误差的第一次 PID 的输出值可以计算第
二误差项。你也许想使用沿 Z 轴的速度（由气压计和 GPS 获取
的升降速度）或沿 X/Y 轴的速度（由 GPS 获取），而不是角速
度。我将其作为 "D" 语句放入括号中，因为这里 D 语句并不
是很重要。由此可见，在机器人技术中，大多数需要解决的问
题都是最优化问题。

3.6　小型无人机固件程序的简单实例

在本章最后，将展示一个简单实例。这个实例是基于
ArduPilot 开源项目（Git Repo 系统中的 Copter-3.3 版本）编写
的小型四轴旋翼机的简单固件程序。从相关的 GitHub 链接中下
载源代码并检测出正确的分支。

```
git clone https://github.com/diydrones/ardupilot.git
cd ardupilot
git checkout Copter-3.3
```

注：Git 一种免费、开源的分布式版本控制系统和代码管理工具。Repo 是 Google 开发的用于管理 Android 版本库的一个工具。

固件应该能够通过无线电接收器接收指令并使无人机保持稳定。这里想多说一点的是，这只是一个用于说明基于 ArduPilot 程序库的无人机基本控制原则的实例。这个固件并不具备高度保持、位置保持、飞行区域控制等高级特点，并且安全性也相当低，所以使用时要多加小心。

为了简单起见，我使用了很多 ArduPilot 程序库的模块并且建议大家也这样做。这样可以节省时间并且在应用于很多测试场合时也很安全，因为 ArduPilot 项目已经收集了很多年的现场测试数据。

```
#include <AP_HAL/AP_HAL.h>
#include <AP_Common/AP_Common.h>
#include <AP_Progmem/AP_Progmem.h>
#include <AP_Math/AP_Math.h>
#include <AP_Param/AP_Param.h>
#include <AP_InertialSensor/AP_InertialSensor.h>
#include <AP_ADC/AP_ADC.h>
#include <AP_ADC_AnalogSource/AP_ADC_AnalogSource.h>
#include <AP_Baro/AP_Baro.h>
#include <AP_GPS/AP_GPS.h>
#include <AP_AHRS/AP_AHRS.h>
#include <AP_Compass/AP_Compass.h>
#include <AP_Declination/AP_Declination.h>
#include <AP_Airspeed/AP_Airspeed.h>
#include <AP_Baro/AP_Baro.h>
#include <GCS_MAVLink/GCS_MAVLink.h>
#include <AP_Mission/AP_Mission.h>
```

```
#include <StorageManager/StorageManager.h>
#include <AP_Terrain/AP_Terrain.h>
#include <Filter/Filter.h>
#include <SITL/SITL.h>
#include <AP_Buffer/AP_Buffer.h>
#include <AP_Notify/AP_Notify.h>
#include <AP_Vehicle/AP_Vehicle.h>
#include <DataFlash/DataFlash.h>
#include <AP_NavEKF/AP_NavEKF.h>
#include <AP_Rally/AP_Rally.h>
#include <AP_Scheduler/AP_Scheduler.h>

#include <AP_HAL_AVR/AP_HAL_AVR.h>
#include <AP_HAL_SITL/AP_HAL_SITL.h>
#include <AP_HAL_Empty/AP_HAL_Empty.h>
#include <AP_HAL_Linux/AP_HAL_Linux.h>
#include <AP_HAL_PX4/AP_HAL_PX4.h>
#include <AP_BattMonitor/AP_BattMonitor.h>
#include <AP_SerialManager/AP_SerialManager.h>
#include <RC_Channel/RC_Channel.h>
#include <AP_RangeFinder/AP_RangeFinder.h>

#include <AC_PID/AC_PID.h>
```

首先以声明开始。该项目的代码最初是来自一个叫做
Arduino 的项目，所以这也是标题部分看起来有点乱的原因。

```
// ArduPilot 硬件抽象层
const AP_HAL::HAL& hal = AP_HAL_BOARD_DRIVER;
```

这里参考了 ArduPilot 的硬件抽象库。ArduPilot 有大量的支
持硬件（PX4、Navio、Navio+、Navio2 等），而且还有应用于
NuttX 和 Linux 的硬件抽象层（Hardware Abstraction Layer，HAL）
程序库。后期版本中，自动电压调节器（Automatic Voltage

Regulator，AVR）支持功能被移除了，但是在 Copter-3.3 分支当中仍存在。

```
// 惯性导航系统和气压计描述
AP_InertialSensor ins;
Compass compass;
AP_GPS gps;
AP_Baro baro;
AP_SerialManager serial_manager;
AP_AHRS_DCM ahrs(ins, baro, gps);
```

这里声明了硬件驱动程序。在本实例中，我们使用 ArduPilot 的 AHRS 来读取当前姿态。这意味着有很多神奇的过程已经在后台实现了。AHRS 系统使用 DCM 算法，或者使用扩展卡尔曼滤波器。理论上来说，也可以仅仅取加速度计的原始估计值来计算姿态。然而，既然 AHRS 模块已经过仔细测试，因此我想用 AHRS 给这个实例一个最低的安全限度。

```
// 定义电机数量
#define MOTOR_FL   2   // 左前
#define MOTOR_FR   0   // 右前
#define MOTOR_BL   1   // 左后
#define MOTOR_BR   3   // 右后
#define RC_THR_MIN 1100
```

在此定义电机的输出频道和能激活回路所需的最小升力。

```
// PID 阵列 (6 pids, 每个轴向两个)
AC_PID PID_PITCH_RATE(0.7, 1, 0, 50, 20, 0);
AC_PID PID_ROLL_RATE(0.7, 1, 0, 50, 20, 0);
AC_PID PID_YAW_RATE(1.4, 1, 0, 50, 20, 0);
AC_PID PID_PITCH_STAB(4.5, 0, 0, 100, 0, 0);
```

```
AC_PID PID_ROLL_STAB(4.5, 0, 0, 100, 0, 0);
AC_PID PID_YAW_STAB(4.5, 0, 0, 100, 0, 0);
```

这些参数是对 PID 的描述。数值 1 是 P 项，数值 2 是 I 项，数值 3 是 D 项，数值 4 是最大积分值，数值 5 是截止频率（D 项），数值 6 是经过的时间（dt）。

```
void setup() {
  hal.console->println("Starting AP_HAL::RCOutput");
  for (uint8_t i=0; i < 8; i++) {
      hal.rcout->enable_ch(i);
  }

  ins.init(AP_InertialSensor::COLD_START,
      AP_InertialSensor::RATE_100HZ);
  ahrs.init();
  serial_manager.init();

  if( compass.init() ) {
      hal.console->printf("Enabling compass\n");
      ahrs.set_compass(&compass);
  } else {
      hal.console->printf("No compass detected\n");
  }
  gps.init(NULL, serial_manager);
}
```

在这里对系统进行初始化。这是作为 ArduPilot 库基础的 AVR 地面系统。

```
/*
*回路:
* -用于控制四旋翼机
* -获取遥控信号
```

```
*/
void loop() {
    static float yaw_target = 0;
    static int16_t channels[8] = { 0 };
    uint32_t iTimeStamp = hal.scheduler->millis();

    //待命状态直到新的定向数据到达
    ins.wait_for_sample();

    //读取遥控频道并储存至频道阵列中
    for (uint8_t i=0; i < 8; i++) {
        uint16_t v = hal.rcin->read(i);
        channels[i] = v;
    }

    long rcthr, rcyaw, rcpit, rcrol; //将无线电信号存为变量

    //读取遥控发射器
    rcrol = channels[0];
    rcpit = channels[1];
    rcthr = channels[2];
    rcyaw = channels[3];
```

在这里从遥控器读取输入值并储存在相应命名的变量中。

```
    //当前 AHRS 姿态估计
    ahrs.update();
    float roll = ToDeg(ahrs.roll) ;
    float pitch = ToDeg(ahrs.pitch) ;
    float yaw = ToDeg(ahrs.yaw) ;

    //陀螺仪数据
    Vector3f gyro = ins.get_gyro();
    float gyroPitch = ToDeg(gyro.y);
    float gyroRoll = ToDeg(gyro.x);
    float gyroYaw = ToDeg(gyro.z);
```

```
        //仅当用户定义的推力超过偏置值时才启动
    if(rcthr > RC_THR_MIN + 100) {
        //稳定模式 PID
        float dT = hal.scheduler->millis() - iTimeStamp;
        PID_PITCH_STAB.set_input_filter_all((float)rcpit -
pitch);
        PID_PITCH_STAB.set_dt(dT);
        PID_ROLL_STAB.set_input_filter_all((float)rcrol -
roll);
        PID_ROLL_STAB.set_dt(dT);
        PID_YAW_STAB.set_input_filter_all((float)rcyaw -
yaw);
        PID_YAW_STAB.set_dt(dT);

        float pitch_stab_output =
constrain_float(PID_PITCH_STAB.get_pid(), -250, 250);
        float roll_stab_output =
constrain_float(PID_ROLL_STAB.get_pid(), -250, 250);
        float yaw_stab_output =
constrain_float(PID_YAW_STAB.get_pid(), -360, 360);

        //如果操作者改变航向，直接馈送至比例模式 PID
        if(abs(rcyaw ) > 5) {
            yaw_stab_output = rcyaw;
            yaw_target = yaw;
        }


    PID_PITCH_RATE.set_input_filter_all((float)pitch_stab_
output - gyroPitch);
        PID_PITCH_RATE.set_dt(dT);

    PID_ROLL_RATE.set_input_filter_all((float)roll_stab_
output - gyroRoll);
        PID_ROLL_RATE.set_dt(dT);
```

```
PID_YAW_RATE.set_input_filter_all((float)yaw_stab_output
- gyroYaw);
        PID_YAW_RATE.set_dt(dT);

        //计算 PID 比例
        long pitch_output =
constrain_float(PID_PITCH_RATE.get_p(), - 500, 500);
        long roll_output =
constrain_float(PID_ROLL_RATE.get_p(), -500, 500);
        long yaw_output =
constrain_float(PID_YAW_RATE.get_p(), -500, 500);

        //在此处将 PID 输出值发送给电机
        hal.rcout->write(MOTOR_FL, rcthr+roll_output
+pitch_output-yaw_output);
        hal.rcout->write(MOTOR_BL, rcthr+roll_output-
pitch_output+yaw_output);
        hal.rcout->write(MOTOR_FR, rcthr-roll_output
+pitch_output+yaw_output);
        hal.rcout->write(MOTOR_BR, rcthr-roll_output-
pitch_output-yaw_output);
    }
    else {
        //电机关闭
        hal.rcout->write(MOTOR_FL, 1000);
        hal.rcout->write(MOTOR_BL, 1000);
        hal.rcout->write(MOTOR_FR, 1000);
        hal.rcout->write(MOTOR_BR, 1000);

        //重置偏航目标，所以能够在起飞时保持航向
        yaw_target = yaw;

        //在地面时，整体重置 PID
        PID_PITCH_STAB.set_integrator(0);
        PID_ROLL_STAB.set_integrator(0);
```

```
        PID_YAW_STAB.set_integrator(0);
    }
}

AP_HAL_MAIN();
```

3.7   总结

本章讲解了一些多旋翼机的基本理论知识。大家可以用 PID
调节器自己实现一个机器人项目，同时也可以使用像 ArduPilot
那样的开源软件了。同时也会了解到每一个传感器都有自身的
局限性，并通过软件滤波器将不同传感器配合应用从而发挥出
各自的长处。

第 **4** 章
固定翼机

目前，消费级无人机市场持续增长。当谈到无人机时，几乎每个人的脑海中都会立刻浮现出嗡嗡作响、带有多个电机的飞行机器——或者说多旋翼机（一种旋翼飞行器）。但是这样想并不完全正确，因为无人机还包括固定翼这一类。它们并不常见，但对于某些应用来说，它们是不可或缺的实现方式。

本章将介绍固定翼无人机。本章首先讲解固定翼机与旋翼机之间的区别，然后介绍固定翼无人机的一些用途。

4.1 固定翼机 VS 旋翼机

无人机更为正式的名称是无人空中飞行器（Unmanned Aerial Vehicle，UAV）。无人机可以由操作者远程控制或者完全自主飞行。正如我们所说的那样，并不一定非要用多旋翼机。

所以我们首先看一下固定翼无人机和旋翼机之间的区别。理解
两者的区别非常重要，这样可以选择正确的无人机类别以满足
自己的需要。

　　固定翼无人机和旋翼机是完全不同的飞行器，虽然两者有
一些共同特点，但主要的区别（如何飞行）让它们成为完全不
同的两种机器。

　　固定翼无人机（或者飞机）之所以能飞行，是因为它们的
机翼基于前进的速度而产生了升力。旋翼机则不需要通过持续
向前运动来产生升力。它们的机翼（称为旋翼叶片）持续旋转
以产生推力。

　　本节将要讨论固定翼航空器相比旋翼航空器的优缺点。在
某些情况下，一些固定翼机具有的优势也会与旋翼机的优点相
重合。但在其他情况下，两者则有很大的不同之处。我们将重
点关注这些不同之处。

4.1.1　固定翼机

　　固定翼机通常公认的称呼是飞机。市面上有各种各样的带
有固定机翼的飞机。对爱好者来说，飞机种类的范围可以是从
小型泡沫塑料飞机到大尺寸的木质飞机仿制品以及介于两者之
间的各种尺寸的飞机。谈论到无人机时，则通常指的是用电池
提供动力的装置。然而在某些时候，特别是在一些重载无人机
上，也可以发现无人机使用液态燃料发动机提供动力。

图 4.1 Skywalker1900 型无人机

Skywalker1900 型无人机（见图 4.1）是一种用于第一人称视角拍摄的大型飞机。它可携带用于长时间飞行的大型电池，飞机上也有足够的空间来携带任何所需设备。

1. 优点

固定翼无人机有很多优点，其中的一些优点如下。

- 效率更高。它们可以在很长时间内实现更快的飞行，因此能够覆盖更大的区域。效率更高也意味着它们能携带更大的载重量而且不用对飞行时间造成影响。

- 结构更简单。因为这个优点，它们在维护和保养过程中的花费可以降到最低。在任务失败的情况下，还有机会进行滑翔并且能执行紧急着陆。

2. 缺点

使用固定翼无人机也存在下面这些缺点。

- 便携性更差。因为不是垂直起降的航空器，所以它们的起降需要跑道或者发射/捕捉系统。

- 不具备悬停能力。由于前面所提到的持续向前的运动方式，因此固定翼航空器不能在空中停下来。这使得固定翼航空器无法实现某些功能（如对静止物体的拍摄）。

那些涉及远距离、长滞空时间的应用领域使用固定翼无人机效果特别好。例如，大片区域的绘图任务、远距离投送货物，等等。这些内容将在第 7 章中进行讲解。

4.1.2   旋翼机

旋翼机一个很好的实例就是直升机，另一个实例则是多旋翼机。要记住，消费级无人机市场最关注的是多旋翼机，这使得四轴旋翼机成为了一种常用的航空器。

图 4.2 所示为大疆的 F450 型四旋翼机。该机携带用于视频稳定的 Gopro 云台，可用于拍摄。

1. 优点

与固定翼无人机相比，旋翼机的下面这些优点使它们变得非常受欢迎。

- 它们具备垂直起降能力。这意味着与固定翼无人机必须使用跑道进行起降不同，旋翼机几乎可以在任何地方起降。

图 4.2 大疆的 F450 型四旋翼机

- 它们可以向任意方向运动并能够悬停在空中。悬停在复杂环境下是一项非常重要的能力。旋翼机可以悬停，也可以缓慢并侧向飞行，这在拍摄倾斜图像时非常有用（例如可以轻易实现对建筑物的环绕飞行）。

现在来看一看旋翼机的一些缺点。在这里提到的主要缺点实际上在某些特定应用情况下或者无人机自身行为特点前提下是不可避免的。

2．缺点

尽管旋翼机是应用广泛的飞行器，它们也具有一些不可忽视的缺点。

- 它们的设计很复杂并且需要更多机械电子设备上的维护流程，以至于平均价格要比固定翼无人机高。

- 旋翼机的自主能力较差，特别是在携带较重货物的情况下。因为它们完全依赖于电机推力来硬生生地抵抗自重，所以相较于固定翼机利用机翼产生升力，会消耗更多能量。

这里有一些应用实例表明了旋翼机相较于固定翼机的独特优势，其中包括以下这些应用。

- 拍摄：影视制作中使用旋翼机是很棒的选择。因为在拍摄中具备随心所欲的自由度，即减速、停止、旋转、加速。

- 检查：具备在高处悬停的能力，让旋翼机能够完成完美的结构检查工作。

- 精准投递：由于旋翼机几乎能够降落在任何地方，因此可以对贵重的物品完成精准投递。

- 三维测绘：与固定翼机相比，旋翼机可以从侧面方位对建筑物外立面进行倾斜图片的制摄。

既然已经了解了这两类无人机的不同点，下面就来看一下如何制作固定翼机。

4.2　飞行器部件

在本节中，将会对固定翼机的特有部件进行描述。如果要制作一架属于自己的固定翼机，则需要学习这部分知识，或者至少要了解这些部件是如何工作的。市场中有各种备选项可满足所有用户的需求：可以购买一键放飞（Ready To Fly，RTF）套件，这种套件可以与大多数电子元元器件配合使用；也可以只购买一架飞机，然后加装自定义的电子设备；甚至也可以全新制作固定翼机的所有部分。

固定翼机与旋翼机有共同的零部件，其中一些零部件已经在前文做了描述，不过本节将列出所有这些内容。

- 机身、机翼和结构组织。

固定翼机有很多种类型：飞翼机、滑翔机、教练机、推进式飞机等。可以购买一个飞行器套件，除非打算从头到尾自己制作。

- 电机。

大多数无人机只有一个电机。电机的技术指标与多旋翼机相同，但固定翼机的电机不能直接产生升力，而是用来产生空气速度。电机可以安装在机头或者机身的某处，电机后面是螺旋桨（推进式）。

- ESC。

与多旋翼机相同。

- 电池。

在多旋翼机中，常用的是锂聚合物电池技术。这种电池可使用的能量密度是很高的。

- 接收机。

无人机在飞行时需要接收机，除非无人机可以完全自主飞行或者通过遥测飞行控制器进行飞行。接收机和操作者的无线电发射机绑定在一起，可以控制飞行操纵面并且可以改变油门的大小。

- 飞行控制器。

固定翼机上的飞行控制面板由与多旋翼机一模一样的硬件组成。

- IMU。

包括陀螺仪和加速度计。

- GPS。

- 罗盘。

固定翼机特定电子部件包括如下几部分。

4.2.1 伺服电机

伺服电机是固定翼无人机上的一个重要部件，它可以带动飞行操纵面进行运动。它们的运行机制比较简单：输入脉宽调制（Pulse Width Modulation，PWM）信号，伺服机械臂可以移动到信号指定的理想位置；机械臂通过推杆与飞行操纵面连接在一起，由此将各种动作传递给飞行操纵面。

系统会对所需理想位置与伺服机械臂动作后的输出位置进行比较，用补偿器对信号做出调整，进行设置后输入给电机。由于电机与伺服减速机相连，因此即使在转速很低的情况下也能输出很大的扭矩。电位计与输出轴相连接，用于提供反馈信号。伺服电机只有在进行所需的位置调整而转动时才会消耗能量，因为在其余的时间电机会保持停止的状态。

除了尺寸之外，伺服电机在扭矩和速度上的规格也不一样。

扭矩决定了伺服电机所能施加的最大转动力。扭矩通常用牛·米（N·m）来测量。扭矩值越大，表明伺服电机所能提供的力越大。

速度规格指的是伺服电机旋转所需的时间。旋转测量单位已经标准化为 60°，也就是说，速度是伺服系统转动 60° 所用的时间。速度值越小，表明伺服电机转动得越快。

图 4.3 所示为一个模拟微伺服系统，该伺服系统适用于小型无人机。

借助于现有的程序库，可以轻松使用伺服系统。这里是一个演示如何利用 Arduino 程序来控制一个伺服系统的例子。程序代码会把伺服系统连入 Arduino Uno 板上的针脚 9，并操纵伺服系统的动作。

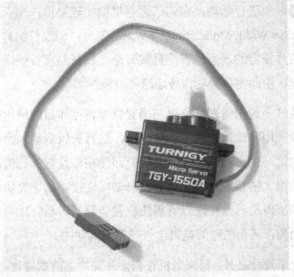

图 4.3   模拟微伺服系统

```
#include <Servo.h>
#define PITCH_SERVO_PIN 9 //伺服信号与 PWM 针脚 9 相连
Servo pitchServo;              //创建伺服对象用于控制伺服系统
float desiredPitch;

void setup()
{
  //通过 pin 9 将伺服系统与伺服对象连接
  pitchServo.attach(PITCH_SERVO_PIN);

  //初始化到中间位置
  pitchServo.write(0);
 }

void loop()
{
  int currentAngle = readPitchServo();
```

```
if(currentAngle == 0)
{
  setPitchServo(10);
}
if(currentAngle > 0)
{
  setPitchServo(30);
}
if(currentAngle < 0)
{
  setPitchServo(-30);
}
delay(1000);                          // 1s 的延迟
}


void setPitchServo(int angle)
{
    //限定角度范围: -90°~90°
    angle = ((angle)<(-90)?(-90):((angle)>(90)?(90):
(angle)));

    // "伺服类"的工作范围: 0°~180°
    // 需要增加 90°来以此进行转换
    pitchServo.write(angle + 90);
}


int readPitchServo()
{
    //从"伺服类"中得到角度值
    int angle = pitchServo.read();
    //减掉 90°再次进行转换
    return angle - 90;
}
```

本例中的伺服系统会以中间位置为基准在前后 30° 范围内来

回运动。注意，这里是如何封装 Arduino"伺服类"的：用的是 −90°～90°，而不是原来的 0°～180°。这对于飞行器的伺服来说更为适合，因为居于中间的 0° 意味着俯仰角和横滚角均为 0°。

这里使用伺服俯仰角度作为例子来进行说明，对于横滚角度来说也是完全一样的。实际上更好的解决方案是将"伺服类"封装在单个接口中。

4.2.2　空速计

空速计对飞行来说不是完全必要的，然而它所提供的数据比 GPS 提供的地面速度更有价值。飞行控制器通过读取空速传感器数据可以提供更好的飞行性能。在有风条件下、慢速飞行状态下和自主着陆情况下，使用空速计大有帮助。

这个传感器（见图 4.4）是通过测量压力差来工作的。它通过空速管测量压力，空速管前方敞开接受一定速度的空气进入，周围开有通风口用于测量周围静止空气的压力。

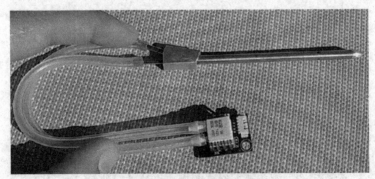

图 4.4　空速计

空气速度随压力的平方根而变化。下面是一个用于计算空速的函数。

```
float calculate_airspeed(float highPressure, float lowP
ressure)
{
    if (highPressure < lowPressure)
    {
        //这种情况不会发生，我们设置 0 以防万一
        pressure_difference = 0;
    }
    else
    {
        pressure_difference = highPressure - lowPressure;
    }

    airspeed = sqrtf(pressure * pressure_ratio);

    return airspeed;
}
```

在调用函数之前，通过空速计获取高、低气压变量值。要注意，还有一个全局参数作为测量的比例因子，这个比例因子是校准后的结果。

市面上有两种空速传感器可用：模拟式和数字式。模拟传感器用电压信号作为读数。这种空速计更便宜但是信号容易受到噪声干扰，而且分辨率也更低。数字式传感器需要使用 I2C接口。

4.3　飞行器的运动

在对固定翼机的各部件做了描述之后，下面将对飞行器的运动做一个综述。我们只需了解飞行器如何在空中运动，所以这里并不打算进行完整的航空学阐述。

飞行器有 3 种基本运动：俯仰、横滚、偏航。这 3 种运动形式通过飞行器的 3 个坐标轴上的旋转度数来测量。在大多数固定翼机上，这些运动通过伺服系统得以实现。

- 俯仰：拉升—俯冲运动。俯仰角为正值时，飞行器就会爬升高度（如果空速足够大）；俯仰角为负值时，则下降高度。俯仰角由升降舵控制，通常需要一个单独的伺服系统。

- 横滚：飞行器沿自身纵向轴线的转动。横滚由副翼来控制，通常需要两个在相对方向上运动的伺服系统。

- 偏航：需要方向舵来控制。如同升降舵一样，偏航需要一个单独的伺服系统控制。

大多数飞行器的伺服系统是按照上面的描述来分配的：两个伺服系统用于副翼（横滚），一个伺服系统用于升降舵（俯仰），一个伺服系统用于方向舵（偏航）。但实际情况并不总是这样。有些固定翼机有着不同的分布形式。

- 飞翼机：这种固定翼机除主机翼之外并没有一个独立的

尾翼。它由包含两个操纵面的单一机身构成。这两个操纵面称作升降副翼（升降舵＋副翼），它结合了常规飞行器的升降舵和副翼的动作特点。所以当飞行器进行俯仰动作时，两边升降副翼向相同方向转动；而当飞行器进行横滚动作时，升降副翼向相反的方向转动。

- V 形尾翼机：传统飞机的尾部有一个垂直操纵面用于放置方向舵，水平操纵面则用于偏航控制。这种尾翼叫做T 形尾翼。与之相反的是，一些固定翼机的尾翼有一种非常规的布置方式，可以将俯仰控制和偏航控制结合在一起。这种布置方式叫做 V 形尾翼。V 形尾翼需要两个伺服系统和特殊的结合方式。

要注意，操纵面的变形对飞行器运动的影响取决于空速的大小。在高空速时，较小的升降舵输入量会产生较大的俯仰角变化；而在低空速时，相同的俯仰角变化则需要更大的升降舵输入量。

我们已经理解了飞行器的各种运动情况，下面让来看一看飞行控制器是如何利用 PID 让飞行更加平稳的。

4.4　PID 调节器

PID 控制器是一种广泛应用于工业控制系统、机械装置、机器人和各式车辆中的控制回路反馈机制。PID 控制器工作过程的数学描述非常复杂，然而只需了解一些很简单的原理就能有效地使用 PID 控制器。

从根本上说，PID 控制器所做的就是连续计算期望值和传感器测量值之间的差值，这个差值称为错误信号。理想的执行元器件可以对这个误差信号进行补偿。

如同多旋翼机一样，在固定翼机飞控系统中也有一些 PID 控制器参与其中。它们不是被强制使用的，但如果想让飞行器自身更加稳定，就需要用到 PID 控制器。本章要看一个横滚 PID 控制器的实例。

PID 控制的基本指导思想是，控制器不断地将当前横滚状态与操控者期望的状态进行对比。如果横滚状态符合操控者的预期目的，伺服机构的角度值就不会进行改变；而当飞行器姿态偏离了预期横滚角时，伺服机构的输出量就会相应地发生改变。伺服机构输出量会随误差幅度的变化而变化（比例项），随误差持续时间而变化（积分项），随误差改变速度而变化（微分项）。如果干扰源在一个很长的时间段内将飞行器推离理想的横滚状态，PID 对这个影响因素的响应也会随着时间而增大，直到这个影响造成的误差被补偿为止。

飞行器实行自稳定动作的时间段称为辅助飞行时间，在此期间飞行控制器要周期性地运行 PID 算法。

```
//以角度计算的横滚角指定值（目标角度）
void stabilize_roll(float demanded_roll_angle)
{
    //从加速度计中获取当前横滚角（角度值）
    float current_roll_angle = imu.get_roll();
```

```
    //计算误差角度
        float error_angle = demanded_roll_angle - current_
roll_angle;


    rollServo.set_output(pidRollController.get_servo_out
(error_angle));
    }
```

输入的变量（横滚角指定值）由操控者或自动驾驶仪的算法来进行指定。在这段代码中使用了 3 个不同的类。

- **RollServo（横滚角伺服）**：这个类用于控制横滚角伺服系统。它与前面所列的内容相似。

- **IMU（惯性测量单元）**：它负责惯性测量单元的读数。它的内部工作原理是将加速度计传来的信息进行计算，以得出横滚角。

- **PIDRollController（PID 横滚角控制器）**：这个类的实际作用是进行 PID 计算。在本例中它有两种计算方法，如下所示。

```
float PidRollController::get_servo_out(float error_angle)
{
    //从角度误差值来计算期望横滚率
        float desired_rate = error_angle / _timeConstant;
    float servo_output = get_servo_out_for_desired_rate
(desired_rate);

    return servo_output;
    }
```

在前面这种方法中，如果想消除由时间常量参数指定的时间上的误差，则可以计算用于伺服系统的期望横滚变化率。接着调用下面的函数来计算用于伺服系统的最终输出值。

需要再次注意，这里用了两个内部的类。

- **system（系统）**：这个类有权使用微控制器获取以毫秒计的当前时间，该时间从程序开始时算起。这是用于积分项的积分运算所必需的。

- **imu（惯性测量单元）**：除了用于加速度计之外（前面已经使用到），这个类也用于管理陀螺仪。我们使用这个类获取当前横滚率。

```
Float
PidRollController::get_servo_out_for_desired_rate(float
desired_rate)
{
    long tnow = system.get_millis();
    long dt = tnow - _tlast;
    _tlast = tnow;

    //上次调用这个函数以来的秒数
    float delta_time = (float) dt * 0.001f;

// 自陀螺仪获取横滚率（度/秒）
float current_rate = imu.get_gyro_x();

//计算横滚率误差（度/秒）
float rate_error = (desired_rate - current_rate);

    //计算比例项
_pidP = desired_rate * _Kp;
```

```
    //计算积分项
    float integrator_delta = rate_error * _Ki * delta_time;
_pidI += integrator_delta;
    //在积分极限内约束积分器状态
  _pidI = constrain(_pidI, -_imax , _imax );

    //计算微分项
    _pidD = rate_error * _Kd;

    // 在极限内对数值进行约束
    _total = constrain(_pidP + _pidI + _pidD, -45, 45);

    return _total;
  }

//在范围内对数字进行约束
float constrain(float number, float low, float high)
{
    return((number)<(low)?(low):((number)>(high)?(high):
(number)));
  }
```

可以看到，这里计算了 3 个项并合并在一起从而获得最终输出结果。每次调用函数时 P 项和 D 项都会发生改变，而 I 项则只会进行更新。

下面会对这类控制器中使用到的参数进行说明。这些参数需要进行仔细的调试以适用在各类机身结构中。但如果想要了解这些参数，最好从了解它们的默认值开始。

时间常数：横滚时间常数

这个参数以秒为单位对时间进行控制，表明了从发出指令到实现某个横滚角的时间长度。0.5s 是一个很好的默认值，适用于大多数机身。降低该值可以获得更快的响应，但是没有必要将这个值设定得比飞机可以达到的值还要小。

1．KP：比例增益

这个参数是横滚角误差到副翼的增益。加大该参数会提高控制系统响应速度。然而当增益值过大时飞行器会产生振荡现象。

2．KI：积分增益

这个参数是横滚角积分到副翼的增益。加大该参数可以使控制器消除因缺少配平机构而带来的稳态误差。

3．KD：阻尼增益

这个参数是横滚率到副翼的增益。它可以调整横滚控制回路的阻尼大小。这个增益可以减小飞行器在湍流中的横滚量。设置过高会导致产生高频横滚振荡现象。

4．IMAX：积分极限

这个参数限制了副翼上的积分运算范围值。积分项的默认设置将伺服的行程限定在正负 30° 之间。因为伺服系统的最大偏转角在正负 45° 之间，所以将默认值设置为伺服总操控量的 2/3 是足够的，除非飞行器姿态失去平衡。

带有所有参数的 PidRollController 类的头文件如下所示。

```
#ifndef __PID_ROLL_CONTROLLER_H__
```

```cpp
#define __PID_ROLL_CONTROLLER_H__

#include "imu.h"
#include "system.h"

class PidRollController {
public:
    PidRollController();

    float get_servo_out(float error_angle);
    void reset_Integrator();

    //用于控制从发出要求到实现倾斜角所需的时间常数（以秒计）
    static const float _timeConstant = 0.5;

    //比例增益
    static const float _Kp = 0.2;

    //积分增益
    static const float _Ki = 0.02;

    //阻尼增益
    static const float _Kd = 0.02;

    //积分极限
    static const float _imax = 30;

private:
    float get_rate_out(float desired_rate);
    long _tlast;
    float _pidP;
    float _pidI;
    float _pidD;
    float _total;
};
```

静态变量是可配置参数，它们可以存储在非易失性内存中。

这只是一个说明如何将 PID 用于固定翼机飞行控制器的实例。为了简单起见，很多东西并没有在这里出现。

我们用了一个横滚控制的例子，因为横滚控制很重要。整个飞行器会涉及更多的 PID 控制器：俯仰控制（与横滚控制同等重要，原理看起来也很像）、偏航控制、驾驶控制等。

4.5   飞行模式

与多旋翼机相类似，固定翼机的飞行控制器也需要实现一些飞行模式。虽然在不同的飞控上有些飞行模式的叫法可能会有不同，而有些模式也可能会结合在一起，但一些基本的飞行模式是相同的。

4.5.1   手动模式

在这种模式中，操作者直接控制伺服输出，整个过程中飞行控制器不会介入。当飞行控制器行为异常时（例如传感器故障、PID 参数错误、软件错误），这种模式可以用于安全返航。这种模式的理想状态是绕过硬件设备直接将接收器的信号传递给伺服系统。

4.5.2 稳定模式

操作者像往常一样控制伺服输出，但当输入信号缺失时，飞行器会尽力维持自身的稳定状态；当没有输入信号时，目标俯仰角和目标横滚角保持为零度，伺服系统则持续不断地运动以达到这些平衡点。

4.5.3 电传操纵模式

在电传操纵模式中，操作者不会直接控制伺服输出，而是告诉飞行器向哪里飞。在这个模式中，飞行器会按照操作者指定的俯仰角和横滚角进行飞行。而在手动模式和稳定模式中则会持续实施俯仰和横滚动作。电传模式有多种变体，其中自动驾驶仪会参与对高度、空速、航向的控制。这些在下面会讲到。

4.5.4 高度控制模式

要注意，在前面的这些模式中，尽管飞行姿态很平稳，飞行器也会遭遇干扰而产生位置升高或降低的情况。在高度控制模式中则不会发生这种现象。因为飞行控制器十分重视飞行器的海拔高度，高度值由气压计提供并且被飞行控制器锁死。操作者向飞控发出提升高度或降低高度的指令，而不是通过控制飞行器的俯仰角来完成操作。换句话说，操作者会设置一个目

标高度让飞行器去参照。这种模式在 ArduPlane 上被叫作电传
操纵 B 模式。

4.5.5　油门控制模式

飞控板也可以对油门进行操控。操作者还可以通过油门操纵
杆设置空速。要想使这项功能良好运转，强烈建议使用空速传感
器。飞行控制器可以利用 GPS 速度进行估算，但在大风环境中
效果很差。通常情况下，高度控制和油门控制可以混在一起使用。
因为要想对高度进行增减，以及控制俯仰角，那么飞行控制器就
必须相应地改变油门大小。当飞行器的速度刚刚高出失速速度
时，如果仅增大俯仰角拉升飞行器，那么飞行器是不会升高的。
除非增大油门，否则飞行器只会下坠。

4.5.6　航向锁定模式

如同飞行高度值一样，即使飞行器在平稳飞行，若受到干
扰也会产生航向偏移现象。当设置为这种模式时，飞行控制器
利用 GPS 进行定位。如果操作者不输入信号，那么飞行器会一
直保持特定航向飞行。这种模式在 ArduPlane 无人机中叫作巡
航模式，巡航模式也有对高度和油门的控制。

4.5.7　自动模式

在自动模式下，无人机可以自动飞行而完全不需要操作者

输入指令。无人机可以飞过一系列事先由操作人员利用地面站载入系统的航点。地面站可以是笔记本电脑、平板电脑或智能手机。这是一种极为复杂的模式，无人机变成了完全自动的设备。无论何时自动模式都可以在开启和关闭之间进行切换。所以某些飞行任务，比如具有代表性的起飞和着陆任务，可以手动控制完成。虽然无人机可以自主飞行，但也需要操作者对其持续照看，以便在危险状况下接管无人机的控制权。我们需要一个功能齐全的飞行控制器来实现自动模式下的飞行。功能齐全的飞行控制器包括加速度计、气压计、陀螺仪、GPS、磁力计。在自动起降时，最好还要包括空速计和激光雷达等传感器。

4.6　飞行控制板

不同于多旋翼机，飞行控制器对固定翼机来说不是强制性的配备。如果只是想让飞行器在空中飞行，那么并不需要飞行控制器。因为固定翼机的操纵面可以由无线电发射机直接控制。但并不是每个人都具备一定的飞行技能，而且飞行控制板也可以在飞行中起到辅助作用。同时，对一些应用来说，需要让无人机进行自主飞行。

大多数飞行控制板都有自己的专利固件锁。然而对开发人员来说，更好的选择是支持上传自编代码的飞控板。本节会介绍几种无人机飞行控制板。它们对于一个不想编写任何代码的DIY 项目来说已经够用了。

对多旋翼机来说，有很多种类的飞行控制板可用。因为多旋翼机是应用广泛的无人机类别之一。然而在固定翼机上，我们也有一些选择。

4.6.1　独眼龙系列 Tornado

Tornado 是独眼龙系列中较新的飞行控制器产品。独眼龙 Tornado 飞控板内含 IMU、空速传感器、屏幕菜单式调节方式（On Screen Display，OSD）主板，它价格便宜，结构设计紧凑。只需将电流传感器（接入一个独立的小板）、空速管和 GPS 连到主板上即可。此外，Tornado 还支持航点飞行模式、返回发射点模式，可设置最大和最小巡航速度。Tornado 还可由油门控制空速，支持 TF 内存卡作为飞行记录装置。

4.6.2　Vector 系列

Vector 自动驾驶仪支持多种机身。它支持多旋翼机，也支持传统固定翼机、V 形尾翼机和升降副翼（飞翼机）。它依然是将 GPS、磁力计和电流传感器用不同的模块接入主板，空速计则可单独使用。

4.6.3　Ikarus OSD 系列

西班牙 Dark Star Robotics 公司的 Ikarus OSD 系列是将所有

功能集成在一起的 OSD 自动驾驶仪。该产品主要关注的是第一人称视角的飞行方式。它可以处理两个摄像机的数据。Ikarus OSD 具备自动返航功能，可以进行航点导航飞行（最多设置 31 个导航点）。Ikarus OSD 可应用于 V 形混合式尾翼和飞翼机，可以将它应用在任何类型的固定翼机身上。

4.6.4　基于 ArduPilot 代码的产品

ArduPilot 是一个开源项目平台，它不仅可以操控固定翼机，也能用于多旋翼机、传统直升机和地面漫游车。可以在维基百科上找到 ArduPilot 完整的列表，但较重要的是以下两类。

- APM（ArduPilot Mega）：这类飞行控制板目前已经渐渐被废弃了。它已经无法运行最新的 ArduCopter 固件，运行 ArduPlane 时功能也会受限。但是它已经被广泛使用了很多年，并且以某种程度上来说也对 ArduPilot 的流行起到了积极作用。

- PixHawk：PixHawk 是 APM 硬件的继承者。它具有更强大的 32 位架构的处理器、更大的内存和更大的 IMU 传感器冗余。市面上也有速度更快的替代品，但是在运行最新的 ArduPlane 固件时，使用 PixHawk 是绰绰有余的。

图 4.5 所示为 Skywalker 上部舱室内的 PixHawk 飞行控制板。这个遥控模型有一个特别的舱室用于安装飞行控制器。这是一个与其余电子设备（ESC、电机、电池）分开的平面。这

个舱室被设计成易于取放物品的外形。

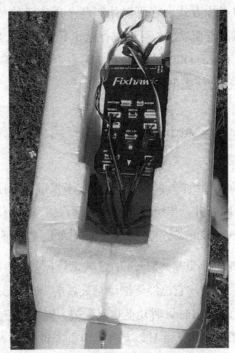

图 4.5　PixHawk 飞行控制板

如果想使用一个兼容 ArduPilot 的控制板操纵无人机，需要上传 ArduPlane 固件。我们将在下一节中谈到这一点。

4.7　ArduPlane 固件程序

ArduPlane 是一个在 ArduPilot 项目中用于固定翼无人机的固件程序。这是目前适用于开源软件的选择之一。

ArduPlane 固件程序在兼容的飞行控制板上运行,可以将大多数类型的传统遥控无人机转换为完全自主运行的运载工具。它的代码可以提供各类先进的无人机功能。例如它可以支持航点设置功能、自动起飞和着陆功能、地理围栏功能、摄像机控制功能。

完整的无人机解决方案不仅需要运载工具固件,也需要相应的地面监控站软件。由于 ArduPlane 使用了 MavLink,一种用在多种地面监控站(例如 MissionPlanner、APM Planner2、Tower)上的开放式通信协议,因此这些任务对于 ArduPlane 来说都不成问题。

虽然对于初学者来说开源软件并不总是特别方便,但 ArduPlane 对新手来说却很容易上手。但这并不意味着这个程序不适合熟练者使用。事实上,熟练用户在定制化功能和扩展任务功能方面会有无穷无尽的选择。它同样可以用于教育和科研目的。

当前的功能(随着公众需求在不断增加)包括以下几点。

- 便捷的触点式配置界面并带有地面监控站。

- 完全自主的任务:支持多达数百个三维航点的设置并包含自动起降功能。

- 防止失速:ArduPlane 带有逻辑电路用于防止在某些模式下的失速现象。

- 地图围栏技术:允许在飞行区域周围设置一个虚拟的围栏,可以由 GPS 定位系统指定一个封闭的多边形。

- 地形跟踪：可以处于一个在海拔高度以上的地理位置栅格之中，自动驾驶仪可以利用这个栅格对地形进行跟踪。

- 多种飞行模式：包括前文中已经描述过的模式。

- 失效保护：具有多种可编程的失效保护选项，例如丢失控制信号或者低电量状况。

- 摄像机控制：允许在无人机测绘应用中设置摄像机触发条件。

- 实时遥测：ArduPlane 利用数据收发器可以传递遥测信息，在无人机与地面站计算机之间进行控制。

- 完整的数据记录系统：可以在任务执行后提供全面的情况分析。数据记录可以形成图像并用 Google Earth 来观察。

如果想在无人机应用中使用 ArduPlane 程序，可以在维基网站上找到所有需要的信息。随着新特性的出现，ArduPlane 会随时进行更新。

4.8 总结

现在大家应该准备好在自己的无人机"军械库"中利用固定翼机的例子了。

第**5**章
安全与监管

在用软件操纵机器人，尤其是飞行的机器人时，安全是至关重要的！在美国，考虑到无人机对个人隐私、个人安全和公共财产的危害，无人机已经成为各种争论的焦点。本章首先讲述了怎样保护自己和他人免受因操作失误和软件故障引起的危险飞行的伤害，然后介绍如何确保无人机软件的安全。确保软件代码不会出现漏洞，是确保无人机安全、正常飞行并且不被黑客攻击或劫持的关键。

5.1 操作安全

安全飞行的第一步是了解机载软件的安全功能并开发安全系统流程作为补充。现代无人机包含很多安全功能，例如发动机点火和熄火装置，但仅仅依靠这些是不够的。就如同所有枪械都有保险装置不意味着 NRA 不会对步枪的正确操作进行严格要求一样。很多人低估了一架失控的无人机所带来的危险并为此付出了代价。本章可以帮助读者了解无人机安全守则的系统化、程序化构建。要牢记在真正使用无人机前，使用模拟器来模拟飞行的重要性。毕竟，软件模拟的无人机坠毁要比真摔一架无人机便宜且安全得多。

注： NRA 为美国步枪协会的英文简称。

如何实现安全

准备飞行前需要考虑各方面的因素，如飞行场地、天气状况、设备和软件的运行状态。为了成功飞行，完成这些准备工作是相对简单的流程，只需要认真准备、用心练习来完成预定的步骤。虽然接下来的描述旨在让大家在每个飞行步骤上尽量做到最好，但在观念上保证细心周到才是最重要的。就像一个草率的程序员不经思考编出的程序在运行时将引发一场灾难。无人机的强度受限于薄弱的软硬件链接和随意的安装，因此在对无人机的飞行和降落进行操作时，不可避免地会产生很多问题。

1．选择飞行场地

多旋翼无人机具有可以在大多数场地起飞和降落的能力。有很多令人难以置信的以第一人称视角拍摄的视频，展示了专业飞手们可以在他们能想到的任何地点飞行。飞手们以精准的位置、眼花缭乱的速度做各种特技。能欣赏到这些特技当然是很愉快的，但是新手和设计者对新软件进行测试时仍然要考虑理想的飞行场所。

考虑以下安全飞行要点可以帮助操作者和设计者找到理想的测试场所。

- 不会存在潜在的人员进入飞行场地的情况。

- 具有明显标识且附近没有私人财产。

- 很少或没有障碍物。

- 没有人反对你在那里飞行。

- 不是任何限制飞行的区域。

- 不是距机场 5mi（约 8km）以内的区域。

通常理想的飞行场地是在当地航空模型协会管理下的区域。AMA 航空模型协会是一个管理遥控飞行的管理机构。该机构也会主办或赞助有关遥控飞机、直升机和多旋翼机的各类活动，依照规定组织俱乐部对飞行场所进行维护和管理。在规定场所飞行需要有会员资格，同时会员资格也会享受一些福利，例如保险。

即使不考虑航空模型协会方面的问题，寻找一个良好的飞行场所对顺利操作无人机也极其重要。如果确保我们的飞行场地是最佳的，那么就向成功迈了一大步。在相同场地飞行，也能确保我们的真机测试具有连贯性。不需要 GPS 设备的无人机也可以在室内进行飞行，从而消除了外部因素对无人机产生的潜在影响。这种方式在学术研究上尤其普遍，特别是在研究项目关注的是计算机视觉和无人机集群控制时。

2. 启动程序

另一个重要步骤是形成并执行一个连贯的启动程序。在实施飞行之前，建立一个启动程序的检查表是最根本的，它可以为飞行任务创建一个安全、零失误的工作环境。在测试期间每个步骤的连贯性也能改善试验结果并提高真机测试的效率。

通常，一个合理的启动程序包含确保附近没有旁观者、飞行前对航空器的检查、操纵面的测试、与无人机的连接检查、电池及电量检查、相关传感器的可用性等，最后无人机就可以起飞了。下面是一个确保安全的正确操作步骤。

飞行前检查项目如下所示。

1）将发射机从盒子中取出。

2）打开发射机。

3）打开基站。

4）打开视频监视仪。

5）将无人机从盒子中取出。

6）将 SD 卡插入机载摄像机中。

7）将机载摄像机的镜头盖拿掉。

8）将无人机放置于空旷、安全的起飞区。

9）检查电池并启动无人机。

10）核实所有的相关软件运行并与无人机连接。

11）向场地内的放飞人员发出放飞指令。

12）起飞。

按照这样一个步骤来操作，看起来很浪费时间并且很乏味，但是它们是正确操作无人机的必要步骤。很多人低估了即使是一架小型无人机的威力：螺旋桨可以深深切入物体，锂聚合物电池也可能会爆炸。除了硬件故障，操作失误和软件错误也会造成无人机砸到人或私人财产，轻则会让人尴尬，重则会致命。虽然大多数高级的机载软件都集成了安全特性，但是掌握这样的安全操作要领是更省钱的方法。

在无人机飞行界，养成良好的安全操作习惯会受到普遍尊重。对操作者和观众来说，不论是在飞行操作中，还是在地面操作中，规范的操作行为都让人印象深刻。慢慢试着用简单平稳的方式来飞行可以将操作失误造成的风险尽可能降到最低。

5.2　当前监管环境

无人机的监管环境充满变数和争议。人们在无人机运营以及政府监管参与度上对美国政府的低效普遍不满。公众出于对人身安全和隐私上的担忧，寻求政府的保护。另一方面，无人机行业的成员却认为他们不应受到政府的严格管制，而且美国联邦航空管理局（Federal Aviation Administration，FAA）没有严控无人机使用的权限。在本书写作时，美国联邦航空管理局定义了3种类型的无人机，每一种都遵循自身的一套法规。

分类如下。

- 娱乐用途。

- 商业用途。

- 公众用途。

由 FAA 设立的这些类别的相关法规也是美国航空模型协会（Academy of Model Aeronautics，AMA）提议使用的。两个机构互相达成妥协以使双方满意。为了消除疑惑，这两个机构对无人机每个类别的法律要求都做出了相应的解释。

还需提到的是，FAA 要求所有重量在 0.55lb（约 0.25kg）～55lb（约 24.95kg）的无人飞行器都要在政府部门注册。整个注册流程只需花费 5 美元和几分钟的时间。

由 FAA 和 AMA 合作发布信息的网站 KnowBeforeYouFly 可知，未注册的飞行器将面临最高 27 500 美元的民事处罚，刑事处罚则包括最高 25 万美元罚款（参照美国法典第 18 卷第 3571 条款）或者 3 年以下有期徒刑。

5.2.1　娱乐用途

根据美国联邦航空管理局的规定，小型无人飞行系统（Small UAS，SUAS）被定义为任何重量大于 0.55lb（约 0.25kg）小于 55lb（约 24.95kg）的航空器。不同于商业型无人机，娱乐型无人机不能用于任何商业目的，即无人机的飞行没有任何经济补偿。两种无人机的区别如表 5.1 所示。

表 5.1　　　　娱乐型无人机与商业型无人机对比

娱 乐 用 途	商 业 用 途
在地方俱乐部进行航模飞行	收费观看航空器特技飞行
无人机拍照作为个人使用	无人机付费拍摄房地产商试图出售的地产项目
无偿使用无人机移动物体	有偿的包裹快递
作为个人兴趣观察农田来确认农作物是否需要浇水	在商业农场确认农作物是否需要浇水

娱乐用无人机也要遵守一些特定的飞行管制。管制措施如下，同时注明了 AMA 的指导原则。

- 遵循以社区为基础的安全指南，由 AMA 等机构提出。

- 飞行高度不得超过 400ft（约 121.92m）并尽可能保持在低于周围障碍物的高度上。

- 确保无人机在视线范围内，如有需要，也可使用辅助观察者。

- 不能干扰载人航空器的运行使用，必须留出足够空间，时刻保证发现并避开飞机和障碍物。

- 不要故意飞临未保护的人员或移动的车辆上空。对人员和易损财产，保持至少 25ft（约 7.62m）的距离。

- 在距离机场和直升机场 5mi（约 8km）以内飞行时，要提前联系机场指挥塔台。

- 不要在复杂的气象条件下飞行,例如大风或能见度低的天气。

- 不要在酒后飞行。

- 确保飞行环境的安全可靠,以及无人飞行器的操作人员可以胜任并熟练操作。

- 不要在重要、敏感的基础设施附近和上空飞行,例如发电站、净水设施、监狱、交通繁忙的道路、政府设施等。

- 在飞跃私人住宅前,要查看并遵守当地法律和条例。

- 在私人区域或未经个人允许的情况下,不要对人员进行拍照和监视（参见 AMA 隐私政策）。

5.2.2　商业用途

任何不能归为娱乐用途的私人无人机,都可以定义为商用无人机。在美国,商用无人机不受娱乐用无人机条例的监管。然而,合法地使用商用无人机需要更多书面条款和飞行员资格证书的限制。商用无人机所有者需要更全面的注册程序,称为 333 号豁免令。执行商业飞行任务的专业操作人员还需签署航空通告守则——NOTAM。该条款确保其他飞行员能获知附近无人机的活动情况。

5.2.3 公共用途

对于政府机构或者由公共财政支持的大学来说，使用无人机前必须先申请授权证书（COA）。FAA 会对申请进行安全性评估，然后视具体情况而决定是否向使用机构颁发。FAA 会采取一系列简化流程加快申请进度。

5.3 临时飞行限制

临时飞行限制（Temporary Flying Restrictions，TFR）是由 FAA 发布的一个禁飞时段公告。它们的发布出于多种多样的原因，例如某地区紧急情况、重要人物访问、为航空表演而设立净空区等。大多数临时飞行限制持续时间很短，当然有些会时间很长，例如迪斯尼乐园上空的临时飞行限制。在美国国家公园和其他限制区域也会有飞行限制，例如西点军校和白宫。

5.4 总结

遵从这些指导方针可以让我们更加安全地操作无人机。

第**6**章
无人机的应用

前面已经了解了如何操作无人机并且知道了它们的内部结构，现在就到了展示当今时代的无人机用途的时候了。本章的目的就是要为读者展现更广阔的无人机应用图景，同时也让开发者发现更多机会来创造一些神奇的无人机应用。

6.1 娱乐与爱好

无人机的爱好或娱乐用途是目前一种流行的使用方式。通过各种应用的开发，它将让飞行变得更容易、灵活、有趣。

6.1.1 航拍

有的人会购买无人机来拍摄航空照片和视频。他们大多喜欢摄影和摄像，而且对于他们所爱好的活动来说，无人机可以提供一个绝佳的拍摄视角。因此，当前大多数消费级无人机会将该领域作为其主要目的。所以，除了配备主要硬件以外，无人机上还会装备高清摄像头和连接装置以便传输视频信息。

6.1.2 视频稳定

所有的无人机都会振动并且会以奇怪的角度飞行，因此没有动态稳定器会导致视频效果很差甚至无法使用。哪怕有很多减振方法，拍摄效果也不会很完美。所以需要更好的主动飞行稳定器。在消费级无人机上可以见到两种减振方法。

1. 云台

云台是在无人机运动或振动过程中提供反作用力以稳定视频的装置。它由 2 个或 3 个电机组成，每个电机分别控制摄像头的俯仰、偏移和翻滚动作。电机可以是简单的伺服电机，也可以是能提供更平顺动作的无刷电机。云台由自动驾驶仪或者独立控制器控制。它获得无人机的当前位置并做出相应改变以满足摄像头的位置稳定状态。编写一个简单的云台控制器跟编写无人机姿态控制器类似。诸如 PX4 和 APM 之类的自动驾驶仪会内嵌云台控制器。大多数无人机都要用到云台，例如大疆、3D Robotics。

2. 软件稳定

广角镜头和软件稳定是实现视频稳定的另一种方法。Parrot

无人机就是用这种完全不同的方法来实现视频稳定的。制造商会使用广角镜头进行拍摄并从中截取一段使用软件进行稳定优化的全高清视频，而不是在既昂贵又笨重的云台上面投入资金。换句话说，他们通过在大幅画面中移动较小的画面来抵消画面抖动，而不是使用电机驱动来抵消无人机运动的这种方式来达到同样的效果。这种方式产生的效果并不尽如人意，而且不能更换摄像头。此外，由于无法实现很好的拍摄效果，因此也无法在垂直向上和向下的方向上进行拍摄。然而，得益于这种软件稳定技术，Parrot 可以把全高清视频无人机的质量控制在 500g 以内，让无人机的使用既安全又充满乐趣。而具备同等能力的大疆 Phantom 4 无人机的质量为 1400g。

市面上有几种类型的 App 可以帮助人们得到质量更好的航拍效果。

（1）跟随模式

跟随模式的各种 App 非常适合激烈的体育运动。它们可以让无人机跟随拍摄对象并让拍摄对象始终位于画面中央。这类模式也非常适合用单手自拍。3D Robotics 和大疆都具备该功能，并且大疆 Phantom 4 更胜一筹。

（2）自动拍照

另一类 App 会向人们提供更为方便的手段来订制视频或者更加关注拍摄动作而不是无人机的飞行动作。例如，可以环绕一件物品进行自动拍摄或者预设摄像头的动作以完成自动拍摄。配备智能拍摄系统（Smart Shot）的 3D Robotics 公司的 Solo

无人机可以实现这些功能。

（3）自拍

无人机 App 可以像一个自拍 App 那样简单。能提供空中一键自拍功能的 App 是非常棒、非常有趣的程序。可以在所有一键放飞版的无人机上找到这种程序。

就无人机的便捷性和可使用性而言，目前业界仍有很长的路要走。我们可以从 3D Robotics 的智能拍摄系统 Smart Shot 和自动拍摄未来引领者大疆 Phantom 4 上瞥见这类 App 的广泛应用前景。

6.1.3 第一人称视角拍摄

第一人称视角（First Person View，FPV）拍摄方式非常流行，因为它可以使人造航空器具为使用者提供直观的感受。FPV 常见于固定翼飞行器中，但在多旋翼机上也能看到，而且正如我们所见，它也是无人机竞速赛的主要特征。安装固定导向器的无人机可以悬停几个小时，这让我们既能体验无与伦比的飞行乐趣，也能够同时保证很高的安全性。无人机视角的画面通常可以通过面向前方的一个没有软件稳定功能的小型摄像头来实现，也可以由主摄像头来实现。视频流可以通过模拟无线链接直接传输到操作者的 FPV 眼镜上，也可以传输到略显单调的 LCD 屏幕上。模拟无线链接由于自身小于 50ms 低延迟的特点而得到应用，因为低延迟是只通过视频反馈方式操控无人机飞行动作的关键因素。WiFi 或 3G 链接方式也可以用来操控无人机动作,但由于延迟量大于 300ms,因此使用这些方式手动操控无人机动作比较困难。带有高性能天线的娱乐级模拟无线链接的视频传输距离可以达到 30km。

除了基本的视频观看功能外,目前还没有专门的 FPV 视频软件提供更多功能。然而在不远的将来,人们可以期待出现能够让我们坐在家中操控无人机飞行的操控系统。

6.1.4 竞速

无人机竞速是无人机应用的一个新趋势。飞手们通过 FPV 模式操作无人机穿越一个个障碍物。竞速无人机一般是小而轻、大功率的多旋翼机。因此,选择重量较轻的机载电子元器件、高性能短距视频链接、大功率电机成为关键。这种无人机飞行速度很高并且能够完成各种极端的机动动作。

在无人机 FPV 模式的飞行中,硬件的改进比软件更为重要。然而,增强现实技术可能会改变无人机竞赛的游戏规则,也可能会成为大家进入该领域并一展风采的机遇。

6.2 工业与专业应用

现在是认真了解无人机在工业和专业领域应用的时候了。这将是我们能够利用无人机改进和自动完成一些工作任务并能名正言顺获得收入的领域。

6.2.1 电影制作

航拍不仅仅是一种爱好,它同样也应用在好莱坞中。携带着沉重的专业摄影设备在高空进行拍摄的无人机是每一部电影在制作阶段所必不可少的。下一次当大家看到电影中的大场面时,可以花几秒钟时间想一想那些在无人机的帮助下拍成的空中镜头。与娱乐级无人机不同,专业的电影制作需要让无人机举起 6kg 的设备。操纵这样的无人机需要两个人,一个人来操纵无人机的飞行,另一个则要操作无人机上的摄像机。

要让操作过程更轻松,还有许多事情要做。目前,这种无人机上的摄像机需要通过标准的遥控器来控制。对于操作人员来说,这种方式不是最好的,并且需要数小时的学习才能适应。操作人员需要对控制方式进行改进,以达到更加简便和灵敏的操控。这项工作还需要飞行控制员和摄像机操作员之间进行密切配合,并且花费大量时间来制订详细的拍摄计划。为了进行自动飞行并拍出更精彩的影像,摄像师还要制订一个任务计划。

6.2.2 检查

检查工作是无人机使用中的另一个主要领域。检查工作应用在很多工业领域中,这也是我们将要探索的。特定行业的无人机 App 已经应用在很多检查工作中。与人力检查工作相比,使用无人机可以节省很多费用。

6.2.3　油气监测

监测远离海岸线的钻井平台或者看不到头的天然气管道等工作在过去是用人力来完成的，它们很危险而且耗时巨大。如今可以使用无人机以更加快捷、安全的方式完成监测工作。这些监测任务通常可以利用热成像相机来完成。例如，天然气管道泄露气体的迅速蒸发会使得某个区域的温度更低。在无人机的帮助下进行监测将是简单而完美的方案。这类泄露很容易被发现并能通过热成像相机自动监测出来。

6.2.4　光伏产业

配备热成像相机的无人机的另一个应用领域是光伏监测。为什么要监测光伏设备？因为在该领域中，最重要的任务是提前采取措施来防止整个系统受到损坏。在光伏设备工作时，有些光伏电池产生故障后会反射阳光而不是吸收阳光。为了防止电池组更大的损坏和整个电池板上电能的流失，损坏的电池要及时得到更换。处于空中的热成像相机让监测和维修工作变得极其容易。也可以利用无人机发现电池组的污损和遮挡物以及降低光伏电池效能的其他因素。现在已经有了专门解决这类问题的摄像机和软件系统。这种摄像机会同时提供彩色图片和热成像图片，软件会自动侦测到故障并显示其所处的位置，随后形成的故障报告会传送给工程师来处理。

6.2.5　建筑业

监测大型基础设施和工程项目是无人机的另一个应用。工作人员通常通过手动操作无人机来检查老旧基础设施或检测施工进程中的工程质量问题。我的一个朋友（一名无人机操作者）甚至按老板的要求使用无人机围绕着工地飞行来检查工人们是否在自己的岗位上干活。

6.2.6　采矿业

露天采矿是另一个无人机已广泛使用的领域。创建一个矿区的三维地图对评估工作进度和监测工作很有帮助。首先，在自动飞行任务中，通过无人机拍摄大量带有地理标记的图像。然后，再通过像 Pix4D 这样的软件将这些图片拼合在一起，一张漂亮的三维地图就被创造出来了。

6.2.7　飞机检查

人们经常会使用无人机对飞机进行人工检查。这项工作通常会在飞机经受鸟类撞击或者产生其他轻微损伤的时候进行。

6.2.8　监控

无人机还可用来对大型基础设施、土地进行监控或用于其他场合。监控无人机通常装备小型相机或在需要时配备热成像相机。

6.2.9　考古

将无人机用于考古并不为人们所熟知，但实际上它的应用已经很广泛了。人们从 20 世纪 70 年代开始就已经将航空热成像摄影技术用于考古了。用红外线拍摄的影像可以帮助人们发现地下的构造物和建筑。这项耗费大量人力的工作如今用考古人员的一只手就可以完成。无人机也是航空摄影、区域调查、现场识别、记录挖掘过程、绘图和三维摄影测量中的低成本工具。无人机通常会比其他航空摄影系统更为便宜，同时能在恶劣多变的环境中快速部署到位。

6.2.10　快递

我们对这个特别的应用给予了大量的关注。每个人都希望自己能在下订单 1h 后就收到自己购买的商品——披萨、啤酒和凡是能想到的东西。然而，安全性是无人机快递业的最大威胁，这也是我们不会很快看到它被应用于快递业的原因。至少目前在城市环境中，障碍物数量和人们受伤的危险概率非常高。亚马逊和谷歌正在为建立无人机快递系统付出巨大的努力，并正在为这项业务的相关条例而斗争。这两家公司都致力于 VTOL 无人机的开发应用。VTOL 是一种能够垂直起飞并可以像真正的飞机一样持续飞行的多旋翼机。这种飞行器可以持续飞行超过 1h 的时间，同时可以满足多旋翼机的起降灵活性。我们已经见到很多模拟的快递测试，但不要把它们和真正的快递业务混为一谈。现实中，城市的 GPS 环境极不友好，依赖 GPS 信号的无人机会很容易坠毁。所以在实现直接从空中接收商品之前还要进行很多创新工作。

6.2.11 测绘

在很多工业门类中都会使用无人机进行测绘。通过对带有地理标记的图片进行拼合，可以制成精确的二维或三维地图。这种地图的分辨率能达到 2cm 的级别，可以用在开挖工程、摄影测量、检查与检测、农业等方面。在具备高精度实时动态定位技术的 GPS 帮助下，大地测量学家也可以用这些地图来进行地形测绘、房产和地籍测绘或者创建地理信息系统。

6.2.12 农业与耕作

农业是到现在为止使用无人机较广泛的领域之一。在空旷的私人土地上飞行，使无人机的应用变得非常安全。同时，农民可以通过机载传感器获取宝贵信息，这也让农用无人机广受欢迎。无人机能提供 3 种类型的详细视图。首先，从空中观察农田可以揭露平时肉眼不易观察到的大多数问题，包括灌溉缺陷、土壤变异，甚至病虫害等。其次，机载摄像机可以拍摄多光谱图像，捕捉从红外线到可见光谱的各种数据，从而能够建立农作物的归一化差分植被指数（Normalized Difference Vegetation Index，NDVI）。该指数的测量方式是利用遥感摄影的方法，将农作物的生长状态和营养信息用红外线和可见光突出表示出来。最后，无人机可以对农田进行每周、每天甚至每小时的监测，拼接在一起就可以形成一个时间序列动画，用来显示存在问题的区域，这也对改善作物管理起到良好的支持作用。

6.2.13 搜救

目前无人机可以在一些特殊任务中用于搜寻人员。无人机可以快速覆盖大片地域，特别是在崎岖的山地区域中。在热成像仪器的帮助下，无人机操作员能迅速标定待营救人员的位置并指引营救小组前往救援。在不远的将来，这种任务可以完全自动进行，更多宝贵的生命将会得到救助。

6.2.14 野生动物保护

我们满怀信心的是，无人机的使用可以极大减少偷猎行为。迄今为止，对于在夜晚出没的偷猎者的定位和制止，护林员基本上毫无办法。由于无人机体积小、噪声低并且可以进行红外线拍摄，因此护林员可以很容易地定位偷猎者位置并制止杀戮。

6.2.15 防火与防洪

几年前曾发生了一场大洪水。恰巧在那次事件发生后，有些无人机爱好者操控用无人机飞过该地区，试图查看当时的状况。无人机视频在那时已经很清晰了。近期由于降雨和大量树木被砍伐形成了一个自然灌溉渠，径直穿过了街区。因为没有树木的阻挡，所以再没有什么能阻止洪水袭来。由于无人机的帮助，这次事件几乎没有人死亡。通过无人机进行有规律的检视，这类灾难是很容易预防的，对森林火灾来说也是一样的。在晴朗天气和高温季节，利用无人机进行定期的热成像摄像检查，能够防止森林火灾并挽救生命。

6.3 总结

另外还有很多的无人机应用领域，但本章已经涵盖了大部分。

第 **7** 章
核心软件工具

前面已经探究了无人机的用途，下面就来了解一下为无人机应用助力的核心软件工具都有哪些，以及这些软件为何会如此重要。

地面监控站是在地面进行远程控制和监测无人机的设备。有别于遥测控制，地面监控站可以向用户展示遥测数据，允许用户加载任务、设定飞行器参数或进行故障排除。地面站可以是用于军事行动的设备齐全的整间房屋，也可以是一个为业余飞行活动提供所有需求的简单的智能手机应用程序。

地面控制站软件可以与自动驾驶仪相互兼容。得益于应用在许多自动驾驶仪和地面控制站上的标准化 MAVLink 协议，我们可以选择最喜欢的软件用在此处。通过利用与 MAVLink 协议兼容的自动驾驶仪及软件，可以进行任务的加载，查看遥测数据并控制无人机。然而，我们无法完成特定于固件的任务，例如修改配置、PID 调试、查看日志等。

QGroundControl 是常用的开源地面站之一。它主要由瑞士苏黎世联邦理工学院的 Lorenz Meier 为 PixHawk 项目所创建。该软件可以对 APM 和 PX4 硬件的操作与配置进行很好的兼容，也可以运行任何兼容 MAVLink 的自动驾驶仪。它可以在 Windows、OS X、Linux 和 Android 系统的平板电脑上使用，其中 Linux 是较为领先的使用平台。

QGroundControl 适用于地面控制站的日常测试中。它具有非常清晰的界面，有助于帮助使用者集中注意力。

这里介绍 QGroundControl 的几个主要特点。

- 任务规划。QGroundControl 的任务规划能力非常出色。它支持一些不同类型的地图，并且在断开连接时可以保存当前区域的地图。它具有清晰简明的界面，可以让用户快速进行任务规划而且不易出错。

- 语音输出。语音输出是进行测试飞行的强制性要求。当我们的眼睛正忙于观察空中时，语音输出是了解无人机后台运行状况的较好方法。

- 操纵杆控制。当需要手动控制无人机或者只用视频反馈进行第一人称视角飞行时，操纵杆是让无人机安全降落的优先备用方案。

- 设置与配置。QGroundControl 可以实现对 APM 和 PX4 的全方位支持，也就是说可以对软件所有的设置和配置进行编辑。

7.1 APM Planner

APM Planner 是 3D Robotics 公司开发的开源地面控制站程序，是 Mission Planner 的继任者。它完全支持用 APM 进行载入的自动驾驶仪，也可以对其他符合 MAVLink 协议的机器进行控制。它支持 Windows、macOS、Linux 系统，其中 Windows 是主要的使用平台。DroidPlanner 地面控制站则支持 Android 系统的设备。

APM Planner 较适用于 APM 设备，它有很多选择项和特性，而且没有哪个选项是不能设置的。它比 QGroundControl 具有更多的特性，例如多边形任务——可以在一个区域周围绘制多边形用于设置自动的覆盖飞行任务。然而，APM Planner 的界面是以较为杂乱的方式显示的，我们需要花费更多时间来适应它。APM 软件整体来讲都比较难理解，这些软件包括 Ardupilot、Mission Planner、Arducopter、APM、Pixhawk。如果刚刚进入这个领域，建议使用 QGroundControl 软件，因为它用起来更亲切，而且可以作为进一步学习这方面知识的帮助工具，而 APM Planner 可能会难以掌握。

7.2　MAVProxy

MAVProxy 是一种开源地面站软件，适用于高级用户或极简主义用户。它是一种使用命令行的基于控制台的应用程序，由 Python 编写而成。因此它也能够与 Windows、macOS、Linux 以及其他系统进行兼容。MAVProxy 可以支持任何遵循 MAVLink 协议的载具。它的扩展性非常优秀，围绕该软件对自己的地面控制站进行定制化设计也是不错的选择。它在图形用户界面（Graphical User Interface，GUI）、地图等方面有很多应用模块。

市面上也有许多其他地面控制站或者基于云计算的软件，这些软件可以是开源或者闭源的特定软件或通用软件，但作为一个开发者应当对这些软件有所了解。

7.3　软件开发套件

你真的需要用软件开发套件来对无人机进行编程么？

在较低层次对无人机进行编程时，并不需要用到软件开发套件（SDK）和应用编程接口（API），或者至少现在还不需要。要想操控一架裸机的飞行，需要把编程知识了解清楚。而对高级功能进行编程则是不同的。MAVLink 协议可以在很多地方控制无人机，了解这一点对我们来说是有帮助的。完全可以使用与 MAVLink 兼容的无人机完成许多任务。所以，你真的需要 SDK 吗？好吧，你可能会需要它。即使可以使用 MAVLink 来控制自动驾驶仪，也没有专门的传递途径来实现对无人机的控制，比如用观看视频的方式或用各类附加传感器建立起来的界面方式。这里是 SDK 能发挥作用的地方。有了 SDK 的帮助，我们不但能够控制无人机，而且可以使无人机变成有实际目的的自动化机器。有了这样的想法，就应该了解到仅仅靠自动驾驶仪软件是很难获得无人机 SDK 的。而且 SDK 还可以在整个系统中提供一个编程的接口。

无人机 SDK 还可以在 3 个层次上让我们与无人机集群进行相互作用。

第一个层次是，SDK 允许把代码直接插入无人机中。也就是说，代码可以直接在无人机上执行而不需要通过无线电通信线路让代码生效。代码可以直接在自动驾驶仪或在伴随的处理器上运行。另外，更为可取的选择是它可以将责任进行分解，自动驾驶仪负责无人机的飞行，伴随计算机让无人机变得更聪明。为什么要在无人机上直接运行代码？如果无人机是完全自主运行的，而且不依赖于糟糕的无线电连接，那就是再好不过的了。所以让无人机更为独立自主的办法就是让无人机更有智慧。我们可以利用视频和传感器输出信号来建立一个避障系统。或者，需要用无人机在后院里照看花草。为了实现这些用途，无人机的独立决策能力是必需的。现在，无人机需要 GPS 和无线电来确保自身飞行的安全性，这些需求很快就会成为过去时。

我们也许可以让这些变化更快地发生。

第二个层次是，可以用无线连接对无人机进行远程遥控。可以在智能手机、平板电脑或计算机上对无人机进行远程遥控。通过这种 SDK，可以建立自己的地面控制站、数据采集软件或仅仅是简单的自拍应用程序。我们将使用这种 SDK 建立的应用分为 3 种类型：可以用一些增强的功能来建立控制程序，例如检测到脸部时进行拍照的程序；可以建立一个处理密集型的应用程序，例如根据相机输出数据建立三维地图；可以建立一个具有完美自主特性的程序，而这样的程序在小型机载处理器上是无法运行的。

第三个层次是，基于云计算的 SDK。这种 SDK 的区别是无人机可能通过移动网络或者其他方式直接与云端相连。这对于工作任务的自动化很有帮助。一个实例是云应用程序用来从无人机蜂群收集数据，并自动对数据进行处理。

所有这些都是很棒的应用，但真实的无人机 SDK 的使用现状却有不同之处。它们都在初期阶段，只能实现最基本的功能。这些功能不会比带有视频输入功能的 MAVLink 更多。但是它应该扮演一个激励者的角色，因为在这个领域可以做的事情很多，作为无人机开发人员的你也会在这个领域更加耀眼。

7.4 Parrot

我们喜欢 Parrot 是因为 Parrot 真正尽力去做一些有意义的

无人机产品。这些产品看起来都很不错，而且在已有的功能框架之外进行了有益的开发。在其他公司做这些事之前，研发人员作为革新者也推动了某些技术的进步。我们带着一些目的来了解这个软件。Parrot 是第一家发布无人机 SDK 的公司，当其他公司把关注点放在硬件上的时候，他们已经看到无人机软件的巨大机遇而开始研发 SDK 了。他们的第一款 SDK 产品发布于 2010 年，用于 Parrot ARDrone 无人机上。软件取得了巨大成功并建立了一个庞大的社区群体。ARDrone 2 是一种轻型无人机，无论在室外还是室内均可以安全使用且没有发生事故的危险。延续着第一款软件的巨大成功，第二款无人机型的 SDK 非常容易上手而且庞大的社区也产生了一些令人赞叹的应用程序。它被发烧友们广泛地使用，甚至被用到了用于学术研究的无人机上。SDK 有各种分支，可以用于 Android 系统、iOS 系统、Windows 的 C 语言系统、Linux 系统和 macOS 系统。即使这样，ARDrone 2 也被出售了，因为新一代无人机的出现使它变得不再那么受欢迎。然而，它的 SDK 仍被认为是用代码开展无人机飞行的优秀且安全的方式。

ARDrone 2 的 SDK 可以提供与远方的无人机进行互动的界面，互动方式通过无人机创建的 WiFi 热点来完成。

有关完整的文档以及使用该软件的方法，需要看一下 Parrot ARDrone 2 的官方文件。

Heidi 是用于 Parrot AR Drone 2.0 自主控制的 Python 接口的简化方法。

```
from ardrone2 import ARDrone2
```

```
drone = ARDrone2()
drone.startVideo( record=True, highResolution=True )
drone.setVideoChannel( front=True )
drone.takeoff()
drone.hover(3.0)
drone.land()
drone.stopVideo()
```

我们也可以找到很多种建立在这种 SDK 之上的开源项目，例如，用于交互使用的 Node.js 接口。

慕尼黑工业大学开发的 ROS 程序包可用于自主飞行。

7.5 ARDroneSDK3

下一代 Parrot SDK 伴随着新的设备——Bebop、Skycontroller、微型无人机以及可能的 Disco 出现了。

Bebop 无人机由 MAVLink 协议提供支持，带有小尺寸全高清摄像机，这让它也成为了适合室内飞行的无人机。性能更加出色的 Skycontroller 可以在 Android 系统下运行，并且可以运行手机应用程序。然而，SDK 的第一个版本在可用性上却不是那么好，并且在无人机录像质量和飞行时间上也落后于其他产品。不过，Bebop 和 Bebop 2 却是出色的编程设备，特别是在用于室内飞行时。

Katarina 是用于控制 Parrot Bebop 无人机的编程项目，提供了 Python 接口。它特别容易上手，也能很快从中发现乐趣。

```
from bebop import Bebop

drone = Bebop()
drone.takeoff()
drone.flyToAltitude(2.0)
drone.takePicture()
drone.land()
Explore if further on:
https://github.com/robotika/katarina
```

7.6 DJI 大疆

大疆是一家出色的无人机企业，从容易上手的产品到专业系列产品都有涵盖。为了提高产品性能和无人机在专业领域的应用，在完善硬件之后大疆也将视线转向了开发者。如今大疆可以提供功能强大的用于商业应用的 SDK，但是它的硬件设备比较昂贵。

7.7 手机 SDK

大疆手机 SDK 可以对 Phantom 型号的相机、云台进行控制。还可以与我们创建的手机应用程序进行更好的交互动作。利用手机 SDK，可以创建定制化的手机应用程序，解锁大疆空中平台的全部潜能。

7.8 总结

本章涵盖了几种重要的软件工具，这些工具对无人机的使用很有帮助。

第 **8** 章
核心硬件

在本书前文，我们已经对无人机硬件有了简单的了解。现在是进一步探索并加深理解的时候了。

8.1　Pixhawk 飞控系统

Pixhawk 是目前市场上用于自动驾驶仪控制板的较好的开源硬件系统。它是在个人贡献者的帮助下，由瑞士苏黎世联邦理工学院的团队基于 3D Robotics 技术而开发的。控制板自身可以运行两个自动驾驶仪软件——PX4 飞行堆栈和 APM 飞行堆栈（Ardupilot）。原始的 Pixhawk 板可以在 3D Robotics 的店铺内买到。中国消费者对该产品的印象也不错。也可以在 HobbyKing 网站上的 HKPilot32 名下找到该产品。

优点

- 可靠性高。

- 实用性高。

- 成本低。

- 经过验证。

- 支持两种飞行堆栈。

- 优秀的社区群体。

缺点

- 处理能力不强。

- 没有很好的程序文档。

建议

至少应该拥有一个这样的系统作为可靠的自动驾驶仪。

8.2 AUAV-X2 飞控系统

AUAV-X2 是以 Pixhawk 为依托的自动驾驶仪控制板开源硬件系统，它是由 Arsov 科技公司生产的。与 Pixhawk 不同的是，该系统更小，更适宜用在轻型无人机上。它具有先进的动力噪声过滤装置，这在塞满导线的无人机上是很重要的功能。AUAV-X2 运行 PX4 软件堆栈，可从 Arsov 科技公司买到。

相对于 Pixhawk，AUAV-X2 的优缺点如下。

优点

- 体型更小。

- 噪声过滤性能更好。

缺点

- 不支持 APM。

- 不能适用于所有场所。

建议

如果计划使用 PX4 飞行堆栈，建议越过 Pixhawk 转而使用 AUAV-X2 系统。它比 Pixhawk 体积更小，也更适合 PX4。

8.3   Pixracer 飞控系统

Pixracer 是新一代 Pixhawk 类型的自动驾驶仪控制板，它也是更为高级和紧凑的控制板。它由 Ardov 科技公司的 Nick Arsov 和 Phillip Kocmoud 设计，并由 Lorenz Meier、David Sidrane 和 Leonard Hall 完成了架构。这种新一代自动驾驶仪使用了更好的机载传感器和高级的噪声过滤器，它也可以运行 APM 和 PX4 两种元器件。

优点

- 新一代的 Pixhawk。

- 更好的传感器。

- 内置 WiFi。

- 更好的连接器。

- 体积更小。

缺点

- 没有经过使用者的广泛验证。

建议

如果想体验前沿技术，可以使用 Pixracer。

8.4　大疆的 Naza 系统

Naza 系统是专利权归大疆所有的一种自动驾驶仪。该系统具有很多专门设计的功能。作为具有专利权的软件和硬件系统，我们不可能对飞行堆栈乱改一气，但是可以通过使用 DJI 的 SDK 编写高级的远距离应用程序。

优点

- 现成的功能很出色。

- 容易上手。

- 可靠性高。

缺点

- 不开源。

- 不可编辑。

- 价格更高。

建议

如果不想对硬件进行编程并企图远离飞行堆栈，那么可以使用 Naza 系统。

8.5   骁龙（Snapdragon）飞控

骁龙飞控是一种高级的高端自动驾驶仪控制板。它是由高通研发的一种处理能力极强的系统，内置了用于虚拟应用程序的相机，可以运行 PX4 而且适用于高强度的应用场合。

优点

- 处理能力强大。

- 内置摄像机。

缺点

- 十分昂贵。

- 没有经过使用者的广泛验证。

建议

如果计划编写低层次处理饥饿算法程序或者实现基于相机的控制，可使用骁龙飞控。

8.6　Navio 飞控

Navio 是 Raspberry Pi 专属自动驾驶仪，目前只能在 Linux 系统下运行 APM 架构的飞控软件。

优点

- 易于编辑附加的功能。

- 有很多可用的 USB 外设硬件。

缺点

- 社区群体较小。

- 体积大、重量大。

- 只在 Linux 上运行飞行堆栈而降低了实用性。

建议

如果是 Raspberry Pi 的爱好者，或者在拥有类似周边设备的前提下，想自己制作无人机时，那么可以使用该系统。

8.7　Erle-Brain 和 PXFmini

Erle Robotics 位于西班牙，是一家杰出的初创公司。该公司针对开发人员和学术机构已经设计出许多出色的硬件产品。该公司也获得了美国国防部高级研究计划局的投资，用于开发机器人硬件操作系统 HROS。

8.7.1　Erle-Brain

Erle-Brain 是一种硬件开源的自动驾驶系统，由 Erle Robotics 公司开发。它包括专属于 Pixhawk 硬件的 BeagleBone Black 和 BeagleBone 两类。该硬件一个独特的特性是具有 3 个传感器备份，而不像 Pixhawk 硬件只有两个备份。Erle-Brain 可以在 Snappy Ubuntu Core 上运行 APM 软件堆栈，还能够运行专属的机器人操作系统（Robot Operating System，ROS），并支持各类应用以及应用程序市场。

注：BeagleBone 是一款仅有信用卡大小的低成本 Linux 计算机，它可以联网并运行高级操作系统（如 Android 和 Ubuntu Linux）。BeagleBone 包含大量 I/O 接口，具有广泛的

开源软件支持选项，只需进行简单的设置即可利用它开发应用。Snappy Ubuntu Core 是 Ubuntu 的定位于物联网（Internet of Things，IoT）的一个新的演绎。

8.7.2 Erle-Brain 2

Erle-Brain 的第二个修订版本是一种适用于高级应用程序的完全成熟的自动驾驶仪。它是市场中表现较好的一种机器人大脑。与其上一版一样，它可以通过 ROS 在 Linux 上运行并拥有自己的应用商店。Erle-Brain 2 也内置了一个 500 万像素级相机。

Erle-Brain 和 Erle-Brain 2 的优缺点。

优点

- 杰出的设计理念。

- 拥有 App 应用商店。

- 可接 USB 外设。

缺点

- 庞大而笨重。

- 不支持其他类型的自动驾驶仪。

建议

希望 Linux 发烧友会使用它，并可以制作一些有趣的应用程序。

8.7.3　PXFmini

PXFmini 是一种价格低廉的专属于 Raspberry Pi Zero 的自动驾驶仪。它非常适合初学者，或者是轻量级的应用领域。它同样可以在 Debian Wheezy 或 Snappy Ubuntu Core 上运行 APM 堆栈。

注：广义的 Debian 是指一个致力于创建自由操作系统的合作组织及其作品，Wheezy 是 2013 年发布的一个版本。

建议

用于轻型无人机，也是进行高级无人机特性编辑的较省钱的一种方式。

8.8　智能手机飞控系统

任何智能手机都有无人机所需要的传感器：惯性测量单元、GPS、通信传感器等。如果大家有足够的热情，任何智能手机都可以用在无人机飞行任务中。Flyver 制作了一种基于 Android 系统的开源 SDK 并利用 Android 智能机控制的初级飞行驾驶仪。宾夕法尼亚大学的 GRASP 实验室协同高通公司向我们展示了利用智能手机飞行驾驶仪控制无人机所带来的令人激动的结果。

优点

- 有趣的概念。

- 后台硬件强大。

缺点

- 体积大、重量大。

- 只能依靠自己的力量。

建议

如果了解如何编写手机应用程序而且喜爱无人机的话，可以用此方法，如果想获得更多乐趣且不担心摔坏硬件的话，也可以用此方法。

上面所述的是可以用来对无人机进行编程的较新的自动驾驶仪控制板。除此之外，还有很多其他自动驾驶仪项目可以用得上。当然也可以从裸机开始了解各种硬件。

8.9　惯性测量单元

惯性测量单元是加速度计、陀螺仪、磁力计的组合，用于提供无人机的受力情况和角速度等特定信息，以及其所处的磁场环境信息。这 3 种传感器的组合通常用于计算姿态控制器时需要的俯仰角、横滚角和偏航角数据。惯性测量单元也可以用来计算无人机的位置。然而，当前消费级无人机所使用的噪声巨大的微机电系统却无法实现这些功能，因为二重积分累加的误差很大。大多数惯性测量单元传感器具备内部传感器融合与校正功能，可以向用户提供精确而清晰的数据，原始的传感器输出数据则达不到这种程度。

惯性测量单元通常内置在自动驾驶仪控制板中，但也会有置于外部的磁力计用于规避电磁干扰。现代自动驾驶仪至少有两套传感器以备不时之需，而且可以将从多个渠道获得的数据进行对比以提高精确度。

8.10　气压计

气压计一般内置于自动驾驶仪的控制板中，用来提供大气压数值以计算高度。传感器给出的数据与天气以及温度之间互相独立，但是通过它能计算出当前瞬时的状态，这非常有利于进行高度控制。高度数据也会由 GPS 来提供，它虽然不太灵敏但是可以提供很精确的绝对海拔。将两个高度测量方法结合起来可以得到精确可信的结果。

8.11　光流传感器

光流传感器通常是超声波接近传感器与相机的结合。它的工作原理与计算机鼠标很像。它可以通过对像素值的变化进行

计数来提供速度值。它的工作范围很小，离地面最高不超过
10m，主要用在室内的位置控制或者自动着陆、起飞和一些精
度要求较低的任务中。

8.12 空速计

固定翼机的上升和滞空能力主要取决于机翼形状而不是由
GPS 提供的地面速度。这是固定翼机和多旋翼机之间巨大的差
异。机翼只能围绕理想速度进行设计，也只能存在于特定速度
附近很狭窄的区间内。速度慢了无人机就会掉下来，试着让无
人机飞得更快（螺旋桨提速），飞机就会上升得更高。对空速进
行精确的控制成为了必需，空速计也就成为无人机必不可少的
设备。

8.13 接近传感器

超声波接近传感器：这些小型传感器是短距离测量的最省
钱的方式。它通过从超声波发出到反弹回波的时间来计算距离。
这些传感器可用于进行障碍规避动作。

8.13.1 激光雷达式接近传感器

激光雷达式接近传感器通过激光束进行距离测量。它在

较远距离（大约 70m）上的测量精度较高。它价格较高但是在精确的离地距离测量上是很划算的，可以用于固定翼机的降落任务。

8.13.2　卫星导航接收机

卫星导航可用于对室外无人机进行定位控制。因此，这种方式在定位、各项任务、辅助飞行方面都是很可靠的。

导航卫星在 20 000km 的高空运转，这意味着其到达地面的信号非常弱而且很容易受到阻碍。建筑物、树木、金属甚至云层都会影响 GPS 的能见度。因此要牢记，在这类区域飞行时要确保无人机的安全。

卫星导航还有另外一个不足之处：信号很容易被阻塞。阻塞现象可能是故意为之，也可能是因为受电磁干扰。故意阻塞卫星导航信号的行为是不合法的，但要知道 1W 的干扰发射器会阻塞半径 30km 范围的信号。因此，卫星导航接收机必须放置在远离所有电子设备的地方。因为即使是波段在 1.4～1.6GHz 的小小的发射器也会让无人机摔下来。一个典型的实例发生在我使用集成了相机的 Raspberry Pi 无人机上。在数次收集完散落在灌木丛中以及一个仓库一侧窗口处的无人机零件之后，我才发现有某些东西对 GPS 信号产生了干扰。经过数小时试验后，我发现 Raspberry Pi 的相机屏蔽了信号并且无法修复，即使将它与 GPS 接收机分开 2m 以上进行隔离也不行。

8.13.3 热成像传感器

想让无人机具备"捕食者"那样的视觉，就需要使用热成像设备。不要将热成像设备与那些廉价的红外"夜视"照相机相混淆。那种不具备红外线过滤器的普通相机，只能看到人眼看不到的短波红外线，而无法识别我们周围的高温物体发出的长波红外线。换句话说，那种便宜的红外夜视相机只有在直接照射红外线时才能在夜晚看清物体。这种设备作为安保摄像器材可以用红外线照亮窃贼。热成像传感器在夜晚能够看到物体，是因为它能采集到物体发出的热量。这种传感器非常昂贵，价格会高达数十万美元。目前它的使用范围也受到军方的限制。然而，负担得起的热成像传感器也会成为一个潮流。比如可以花费大约 200 美元购买一架 FLIR Lepton 相机。它的分辨率足以分辨各种形体，对夜间飞行来说是很好的起步。

8.13.4 多谱段成像传感器

多谱段成像传感器因为无人机产业而繁荣了起来。它们旨在捕捉特别选取的窄波段内的图像。无人机常用于农业领域的作物生长和生物量测量。它用一个非常简单的概念进行测量。在植物光和作用过程中会吸收大部分蓝色和红色光线并反射绿色光和一部分不可见光。这是叶子呈现出绿色的原因。比对光谱中的吸收量和反射量，我们可以获得植物的叶绿素水平。通过类似方式也能获取植物的生物量和含水量信息。

8.14　激光雷达

激光雷达利用多束激光对某区域进行三维扫描。这种相机在建立细致的三维地图时非常精确，可以用在一些高端应用中。大多数激光雷达重量不到 1kg 但是价值高达几十万美元。

8.15　集成电路总线

集成电路总线是一种多主多从的串行总线。它只需要两个线路进行通信（信号线和数据线），经常用于传感器和设备之间，大部分微控制器都可以支持这种方式。大多数自动驾驶仪使用集成电路总线从传感器中收集数据。与使用其他通信协议相比，使用集成电路总线的最大好处是只需两条线路即可对许多设备进行连接。

8.16　串行外设接口

串行外设接口（Serial Peripheral Interface，SPI）总线是一种带有主从架构的嵌入式全双工传输串行通信方式。SPI 具有 4

条总线，分别是系统时钟（SCLK）、数据输出（MISO）、数据输入（MOSI）和主从选择（SS）。SCLK、MISO 和 MOSI 在连接从机时很常见，而独立的 SS 线路是每一个单独的从机必须用到的。需要 4 个线路的设计在选择连接设备时不太方便，但是高带宽对于速度要求高的应用会有所帮助。SPI 常常与记忆卡、相机、显示器等配合使用。

8.17　通用异步收发器

通　用　异　步　收　发　器　（ Universal Asynchronous Receiver/Transmitter，UART）是一种常用且简单的串行协议。它使用单独的数据线传输信号（RX），另一条单独的数据线用于接收信号（TX）。UART 由于其简易性在连接单个设备时表现优异。然而，每一个新设备需要两条独立线路连接，当连接多个设备时，这种方法就很不方便了。它的运行速度也很受限制。

8.18　未来：控制器局域网络

先进的无人机或飞行机器人倾向于使用大量不同的机载硬件单元，如自动驾驶仪、GPS、遥控设备等。鉴于没有通用方法对不同的设备进行连接，并且每一种硬件都倾向于通过自己的接口实现连接，这使得对新出现的外设的支持变得更困难。

由于现在大多数流行的接口设计简单而且不适合在无人机的应用中使用，因此自动驾驶仪需要对不同的外设用不同的接口加以调整。

控制器局域网络（Controller Area Network，CAN）是针对自动化产业而设计的。它是用在连接节点中的一种多主串行总线标准。在 CAN 中，需要两个或更多的节点进行通信。所有节点之间通过两条总线相互连接。由于这样的设计，CAN 可以用来远距离连接多个设备。作为多节点系统会让 CAN 更为有效。

在无人机内部通信方面，CAN 将会成为未来的趋势。

CAN 的核心设计目的是，向无人机硬件制造商提供一个恰当的协议标准。

- 提供具有冗余度的物理接口以及适用于高可靠性系统的冗余节点。

- 用有限的计算机性能满足易于实现、易于使用的深度嵌入系统的要求。

- 明确定义对一些常见任务的支持。

目前，能支持 CAN 系统的外设非常少，但是社区群体正在推动产业向这个方向转变，并希望下一代无人机周边产品能够运行 CAN 系统。

8.19 远程控制

遥控模式是一种控制无人机的古老方式。虽然古老，但当程序出现错误时它仍然是拯救无人机的有效办法。不要低估遥控方式的必要性，将这种方式保留在设备中，以便在需要切换到手动控制的情况下能用到它。

8.19.1 遥测模式

遥测模式是一种在无人机和地面之间的直接传输数据的方式。它能够以过时的无线电或 WiFi 技术为依托。一种像 3D Robotics 那样的简单的无线遥控方法可以将数据发送到 1km 之外。更加高级的无线电传输能将数据和视频传送至 30km 之外。一个使用这种通信方式的原因是这种方式与其他连接方式相比延迟较小。用 WiFi 进行通信的好处是速度快，这种方式很流行但只能提供 2km 的传输距离并且有一定的延迟，不太适合需要快速频繁作出决定的任务。

8.19.2 云端模式

云端连接方式表现优异而且赋予无人机不受任何限制的性能。它也可以进行超长距离通信，主要应用在计算动力或监控任务中。

8.19.3   副驾驶模式

单板机可以作为副驾驶系统使用。Raspberry Pi、BeagleBone、Odroid 等都可以在有可靠的飞控板前提下提供高效的通信手段。它们的通信性能非常优秀。如果使用 Pixhawk，可以通过 3G 或建立高级图形算法的方式用 Raspberry Pi 提供云端连接而不用担心飞行任务的基础条件。

8.20   总结

本章涵盖了几种可以用到的主要无人机硬件。这也是本书的最后一章。希望本书在独立开发无人机方面以及其他方面能帮到您。